DELUSIONS
OF GENDER
How Our Minds, Society,
and Neurosexism
Create Difference

# 是高跟鞋还是高尔夫
# 修改了我的大脑？

[英] 科迪莉亚·法恩——著

郭笋——译

浙江大学出版社
ZHEJIANG UNIVERSITY PRESS

**献给我的母亲。**─────────────────────

有很多困难阻碍了思想进步,阻碍了人们形成对生活和社会结构的可靠观点。这些问题中最严重的,就是对人类性格成因的无知和不在乎。不管人类发展到哪个阶段,或将向什么方向发展,他们似乎天然就能长成那样,即使周围的环境,已经可以清楚地表明是什么原因使他们之所以成为他们。

──约翰·斯图亚特·穆勒(John Stuart Mill)《女性的屈从地位》(*The Subjection of Women*,1869)

# 引 言 ///////////////////////////////////////////////////

先来看看埃文。

花了几年时间,埃文逐渐摸索出了一种安慰妻子的方式:要是简觉得心烦意乱,埃文就跟她一起坐在沙发上,用一只胳膊揽着她,另一只胳膊则拿本书或杂志来读,以"忘掉自己的不舒服"——要是你一向政治正确,或是没受过科学训练,也许会奇怪,这种独特的"安慰"方式是怎么回事? 他是不是暗暗觉得太太没什么魅力? 或是他自己处在某种深度心理创伤的缓慢恢复期? 他13岁之前都由狼抚养吗? 完全不是。他只是个普通的男人,拥有一个"天生不适合共情"的男人大脑。埃文的行为库里没有"安慰"这个简单的模式。这应该归咎于自然给他的神经元。这些神经元受到了破坏性的"睾酮浸泡",不像女性"天生能理解不同表情和语调中隐含的情绪"。总而言之，这些神经元是男性的。

埃文只是《女性的大脑》(*The Female Brain*)一书中几个有趣的人物之一，该书位列《纽约时报》(*The New York Times*)畅销榜，作者是劳安·布里曾丹(Louann Brizendine)。她认为，男性解读情感时就像一些可怜的游客想看明白外国的菜单。这与女性在这个领域的卓越表现形成鲜明对比。比如说有一个女子萨拉，她能够"读懂甚至预料到（丈夫的）感受——有时还在丈夫自己意识到之前"。就像魔术师能在你抽纸牌之前就知道你会拿方块 7 一样，萨拉能感知细微，随时让丈夫大吃一惊。怎么样？你也很惊讶吧？但萨拉不是什么游乐场的巫师，她只是个普通的女人，拥有解读他人内心的超凡天赋——显然所有女性大脑都拥有这个天赋。

萨拉的女性大脑是个高性能的情感机器，像 F-15 战斗机一样运转，适合时刻追踪他人内心的非语言信号。

女人的大脑怎么能像追捕惊恐的猎物一样追踪别人的感受呢？你会问，为什么男人的神经元就不能创造这种奇迹，而是更适合在属于他们的科学与数学世界里遨游？不管如今流行的答案是什么——男性的神经回路在胎儿时期受到睾酮的破坏，女性胼胝体较大，男性脑部结构高度专门化、皮层下情感回路比较原始，女性负责视觉空间处理的白质较少——其潜台词都是：男女的大脑有实质上的区别。

比如说,遇到了婚姻问题。看看教育家、治疗师、公司顾问以及《纽约时报》畅销书作家迈克尔·古里安(Michael Gurian)的作品《他正在想什么?》(*What Could He Be Thinking ?*),你会看到他和妻子盖尔观察男性、女性大脑核磁共振成像(MRI)和正电子发射断层扫描影像(PET)时恍然大悟的一幕——

> 我说:"我本来觉得我们很了解对方呢,但也许还不够多。"盖尔说:"确实存在一个'男性'大脑,核磁共振成像可是证据确凿。"我们意识到,虽然经过了 6 年的婚姻生活,但我们的交流、我们对彼此的支持以及我们对这段婚姻的理解才刚刚开始。

古里安说,这些扫描图提供的信息"拯救了我们的婚姻"。

如今人们认为,了解一些脑科学知识,很有助于理解自己的伴侣。国家单性公立教育协会(NASSPE, National Association for Single Sex Public Education)创建者和执行理事伦纳德·萨克斯(Leonard Sax)医生的作品《为何性别如此重要》(*Why Gender Matters*)具有极高的影响力,推介语写道:"承认、了解……(两性的)固有差异,有助于每个男孩、女孩充分开发其潜能。"古里安研究所(Gurian Institute)的另一本新书也告诉家长和老师,"研究人员利用核磁共振成像技术,看到了我们早已知道的事实。两性间确实存在根本差异,而且这种差异始于人脑的基本结构"。因此,古里安暗示，"如果我们走进教室或家里时，还对大脑工作机理和男女不同的学习方式一无所知，那我们距离称职的老师、家长和照料者还有很大差距"。

还有人说，甚至 CEO 们也能从大脑性别差异的相关知识中获益。新书《性别与领导力》(*Leadership and the Sexes*)把"两性大脑差异与工作中的方方面面联系起来"，而且"把脑科学这一工具带给读者，使其能够了解男性与女性的大脑，进而理解自我及他人"。护封上的简介写道，本书中的"性别研究已被成功应用于 IBM、日产(Nissan)、宝洁(Proctor Gamble)、德勤(Deloitte Touche Tohmatsu)、普华永道(Price waterhouse Coopers)和布鲁克斯(Brooks Sports)等诸多公司"。

你也许开始怀疑，大脑如此不同的两类人，可以有相似的价值观、能力、成就和生活吗？如果是大脑本身的构造使我们彼此不同，也许我们就可以安心走开，停止研究了。如果你希望答案能继续维持性别不平等的现象，那就不要再怀疑地盯着社会，来看看这儿吧，看看这些大脑扫描图。

要是答案这么简单就好了。

大约 200 年前，英国牧师托马斯·吉斯伯恩 (Thomas Gisborne)的一本书风靡了整个 18 世纪。不过在我看来，书的标题实在不怎么吸引人——《女性的责任研究》(*An Enquiry into the Duties of the Female Sex*)。吉斯伯恩在书中列举了男性和女性分别需要的智力：

> 法学、法理学、政治经济学，政府行政功能的执行，知识的
> 艰深研究……覆盖面极广的商业领域不可或缺的知识……这
> 些主要或几乎全部由男性主导的学科和职业，需要具备缜密、
> 全面的推理能力和集中、持续的应用能力。

作者认为，女人比较少拥有这类能力，这是很自然的，因为她们并不太需要这样的禀赋来完成自己的职责。你应该能理解，女人不是低等，她们只是不一样。毕竟，在属于女性的领域中，"她们的优势是无可匹敌的"，她们"有能力让学者舒展眉头，让智者不堪重负的精神振奋，让可爱的笑容挂在每个家人的脸上"。女性特有的禀赋能够与其职责相符，这是多么幸运的事情。

跳到 200 年之后，翻开 21 世纪关于两性心理的著作《本质区别》(*The Essential Difference*)，你就会发现剑桥大学心理学家西蒙·巴伦·科恩(Simon Baron-Cohen)在开篇表达了类似的观点："**女性大脑的构造天生就适于共情，而男性大脑则适于理解及构建系统。**"像吉斯伯恩一样，巴伦·科恩也认为拥有"男性大脑"的人才能成为顶尖的科学家、工程师、银行家和律师，因为他们能专注于某个系统(无论是生物、物理、金融，还是法律系统)的不同侧面而且乐于研究系统是如何运作的。书中还提到女性也有独特的禀赋，这一点让人略感安慰。巴伦·科恩提出了"屈尊的艺术"，他解

释说女性大脑倾向于理解他人的想法和感受并表示同情，这恰好适合那些将女性的传统角色职业化的工作。"拥有女性大脑的人能成为最出色的顾问、小学教师、护士、保姆、治疗师、社会工作者、调解人、小组主持人或人事部门职员。"哲学家尼尔·利维（Neil Levy）对巴伦·科恩的论点进行了概括："一般来说，女人拥有使他人放松的智慧，而男人则能理解这个世界并构建、修理我们需要的东西。"这不禁使我想起生活在 18 世纪的吉斯伯恩的妻子，她总是忙于舒展博学的丈夫的眉头。

不得不说，巴伦·科恩也尽力强调了，不是所有的女人都拥有适合共情的女性大脑，也不是所有男人都有系统化的男性大脑。但这个让步并不像他想的那样，能和性别差异的传统观点区分开。早在 1705 年，哲学家玛丽·阿斯特尔（Mary Astell）就注意到，人们形容在男性领域取得巨大成就的女人时，说她们"超越了性别限制，他们认为这样读者就能明白，她们不是表现杰出的女人，而是穿着裙子的男人！"与此类似，几个世纪之后，智力超群的女性被说成"拥有'男性的思维'"。一位作者在《科学季刊》（*Quarterly Journal of Science*）上撰文称：

> 像女运动员一样，女科学家完全是一种不正常的人，一种例外，在某种程度上说她们处于两性的中间位置，其大脑像女运动员的肌肉系统一样经历了异常的发育过程。

当然,巴伦·科恩没有把倾向于系统化的女性称为"异常"。但女人身体里存在男性大脑或是男人头盖骨内长着女性大脑,这也会让人觉得不协调。

两性心理天生不同的观点根深蒂固,让人印象深刻。两性大脑是否真的因结构不同导致了心理上的差异,使男人和女人在主张平等的 21 世纪里依然要遵循截然不同的生活轨迹?

对很多人来说,自从开始为人父母,他们就很快抛弃了先前的观点,即男孩、女孩出生时几乎一模一样。性别研究专家迈克尔·基梅尔(Michael Kimmel)初为人父时,一位老朋友对他笑言:"你很快就能看到,这都是天生的!"还有什么证据能比父母看着孩子公然反抗自己精心设计的中性教育更有说服力呢?社会学家艾米丽·凯恩(Emily Kane)发现这是一种普遍的经历。很多学龄前儿童的父母——特别是中上阶层的白人父母——会逐渐排除其他原因得出结论:男孩和女孩的差异是天生的。他们坚信自己的教育方式是中性的,那就只剩下一种选择,也就是凯恩所说的"退而相信生物学"。

很多评论者在概览整个社会之后,也同样退回到生理因素。在近作《性别悖论》(*The Sexual Paradox*)中,记者、心理学家苏珊·平克(Susan Pinker)解答了下述问题:为什么极具天赋的女性,即使拥有无数选择和充分的自由,选择各种人生道路的比例也不会与身边的男性相同。即使障碍清扫一空,她们的表现和天资相近的男性也不一样。考虑到这个有些意外的结果,平克想"即便生理基础不能决定一切，它是不是也能作为讨论性别差异的重要出发点"？她提出，性别差异的根源部分在于"神经元及激素"。随着社会中性别偏见的日渐式微，人们似乎越来越难为盘踞不去的性别不平等和性别分工现象找到社会学解释作为替罪羊。当我们不能再归咎于外在因素时，目光就会转向内部——两性大脑结构和功能的差异。因为构造异于男性，很多女性拒绝了平克所说的事业至上的"普通"男性生活方式并选择了不同的兴趣。

　　男女天生存在心理差异这个结论，似乎还有大量的科学论据支撑。第一，男性胎儿的睾酮水平会上升，而女性则不会。《大脑的性别》一书（*Brain Sex*）的作者安妮·莫伊拉（Anne Moir）和大卫·杰赛尔（David Jessel）对这个重要事件描述如下：

> 　　受精后 6～7 周……胎儿"作出决定"，大脑开始向男性或女性模式发展。在这个重要时期，黑暗的子宫里发生的一切将会决定大脑的组织结构，进而决定思维的特性。

　　像其他畅销书作家一样，莫伊拉和杰赛尔使我们绝对不会低估"黑暗的子宫"里一切变化的心理学意义。劳安·布里曾丹只是说明，胎儿期睾酮对大脑的作用"决定了我们生物学上的命运"，而莫伊拉和杰赛尔则对这一情况表示欣喜，"（胎儿）在子宫中作出了自己的决定，丝毫没有受到那些正急切等待他们的社会工程师的影响"。

　　于是就有了两性大脑的差异。神经影像技术的快速发展使神经学家得以看到大脑结构及功能的性别差异,诸多细节前所未见。大脑不同,我们就能肯定地说思维也是如此吗?例如,《纽约时报杂志》(*New York Times Magazine*)曾报道了所谓的"退出革命"(女性放弃事业,回归全职妈妈的传统角色)。一位受访者告诉记者利萨·贝尔金(Lisa Belkin):"核磁共振完全能说明问题,男人和女人思考或有某种感受时,大脑'兴奋'的区域不同。她认为,这些不同的大脑必然会作出不同的选择。"我们在杂志、报纸、书籍甚至专业的期刊中都会读到一些神经学领域的发现,认为两类大脑的本质区别造就了两性间不可改变的心理差异。这种令人信服的说法,为关于性别的现状提供了简洁而令人满意的解释。[1]

我们过去也遇到过这种情况,不止一次。

17 世纪,女性因无法接受教育而处于劣势。例如,她们政治道路受阻,因为"她们缺乏政治辞令的正规教育,无法获取公民权或进入政府部门,当时人们普遍认为女性不应参与政事,甚至将女性写作视为不正派的行为"。从当代人的角度来看,这些因素明显阻碍了女性的智力发展,但当时大部分人却认为女人天生就低劣。如今看来,男人的智力优势和成就,应该归因于他们能获取的资源而不是自然禀赋,这一点不言而喻,但当时这确实需要人指明。一位 17 世纪的女权主义者指出:"男人的优势来源于良好的教育和多渠道的信息,他们不应再认为自己比女人更聪明,否则就像攻击一个双手被缚的人却还夸耀自己的勇气。"

我们已经看到,18世纪,托马斯·吉斯伯恩认为不需要再为社会中存在的性别差异寻找其他解释。作家琼·史密斯(Joan Smith)指出:

> 18世纪末,英国女性中很少有人懂得法学或航海学的基本原理,但这只是因为她们没有机会学习。这在今人看来显而易见,但那时无数读者不假思索地接受了他的观点,因为那与他们的偏见相符。

19世纪末20世纪初,女性仍然无法像男性一样接受高等教育。不过,著名心理学家爱德华·桑代克(Edward Thorndike)宣称:"女性无疑能够成为科学家、工程师,但未来的约瑟夫·亨利(Joseph Henry)❶、罗兰(Rowland)、爱迪生(Edison)必将还是男性。"当时,哈佛、剑桥、牛津等大学还没向女性完全开放,我不知道,这个充满自信的结论是否太过轻率?考虑到当时女性还没有投票权,桑代克同样自信地论断,"即使赋予所有女性投票权,她们在参议院也不会起到多大作用",是否也断言得为时过早?现在看来,女性当时受到的限制十分明显。我们现在或许会想,嗨,桑代克教授从没想过让女人加入皇家学会,或是赋予她们基本的公民

---

❶ 约瑟夫·亨利(1797—1878),美国科学家,发现了自感现象,独立于法拉第发现了互感现象,电感单位亨利即以他的名字命名。

**投票权,就断定了她们在科学及政治领域作为有限。**但当时大部分人都没有觉察到竞技场上天平的倾斜。"只要人们看看彼此的关系就知道,或者能够知道,两性的不同秉性。"——哲学家约翰·斯图亚特·穆勒于 1869 年反对这个观点,这种态度在当时还是一种革命性的行为,受到了人们的嘲笑。几十年后,20 世纪初的"权威"研究者科拉·卡斯尔(Cora Castle)依然只能试探性地提出这个问题:"成绩卓越的女性数量较少,是因为她们天生比男性差,还是因为社会没有给予她们机会开发自己的禀赋?"

为解释性别差异而在大脑中寻找原因的做法也并不新鲜。17 世纪,法国哲学家尼古拉斯·马勒伯朗士(Nicolas Malebranche)断言,女人"没有能力触及略难发现的真相",声称"她们无法理解任何抽象的东西"。他认为,其神经学解释在于"脆弱的脑纤维"。也许,思考稍一深入——砰!——脑纤维就断了。在接下来的几个世纪里,随着神经学技术日益复杂、人们的理解愈加深入,对两性不同角色、职业和成就的解释受到反复审视。

早期的脑科学家,忙着用珍珠麦填充头盖骨,用卷尺对头部形状进行仔细分类,把职业生涯的大部分时间都用于给大脑称重。他们提出了那个臭名昭著的假说,即女性的智力较低是因为她们的大脑体积、质量均小于男性,这就是维多利亚时代流传甚广的说法——"女性大脑缺少了 5 盎司❶。"那时人们普遍认为大脑的这个

---

❶ 盎司,重量单位,约 28 克。

差异对心理影响重大,这个假说得到当时权威科学家保罗·布罗卡(Paul Broca)的支持。直到大脑重量与智力无关的结论已经无可辩驳,脑科学家才承认男性脑部较大可能只是由于其较大的体型。这促使人们放弃比较脑重的绝对值,转而研究哪一种相对脑重能保持男人的优势地位。科学史学家辛西娅·拉西特(Cynthia Russett)说:

> 人们尝试了很多种比较——大脑重量与身高、体重、肌肉质量、心脏体积的比率,甚至(有人开始感到绝望)是与某一块骨骼(比如股骨)重量的比率。

如今,我们对大脑的复杂程度深有体会。不可否认,我们已能够深入大脑内部,而不仅仅是止步于表面,这使科学界取得了一定的进展。一个 19 世纪具有超前意识的科学家,拨弄着卷尺,因为别人怀疑自己的分析遗漏了某个重要细节而心烦意乱,他若有所思地说:"请把大脑和那些天平递给我好吗?"这无疑是个重要的时刻。但到 21 世纪,即使是个未经科学训练的门外汉也看得出,这一举动不过让科学家离探明脑细胞创造思维的机制近了一点点儿。他们认为女性认知能力的劣势可由盎司衡量,这个结论未免太过轻率。

似乎这样的偏见不会再潜入当代的辩论,因为我们所有人都十分开明,也许甚至是……过于开明?那些宣称如今男女的社会地位要归因于天生差异的作家,总自认为是捍卫真理的无畏骑士,在和令人窒息的政治正确之说对抗。然而,在我看来,关于男女"本质差异"的断言不过是反映了一种主流观点并赋予其科学权威。如果历史真的教给了我们什么,那就是要反复审视我们的社会和科学。这是这本书创作的初衷。

本书第一章《不断改变的世界,尚未定型的思维》中有一个重要观点,即精神"不是孤立地存在于大脑之中。相反,它是一系列复杂的心理过程,由周围的环境塑造和调整"。而我们不愿意这么看待自己,所以很容易低估外在事物对内在思维的影响。

当我们自信地比较"女性思维"和"男性思维"时,我们以为它们在人头脑中从不发生变化,它们是"女性"或"男性"大脑的产物。但这样孤立而条理的数据处理器,可不是社会和文化心理学家日益熟悉的人类思维。就像哈佛大学心理学家马扎林·巴纳吉(Mahzarin Banaji)所说,"自我与文化之间没有清晰的界限",我们所成长、生活的文化环境能"深入"到我们的思维之中。因此,虽然颅骨能把大脑与社会文化环境隔开,但心理仍然会受到影响,如果不明白这一点,我们就不能理解男女思维的差异;而思维,正是我们的想法、感受、能力、动机以及一切行为的源泉。如果所处的环境突出了性别角色,就会对思维产生连锁反应。当你意识到自己的性别,刻板印象和社会预期在脑海中就更加突出。这会改变人的自我认知、兴趣,弱化或加强个人能力,引发无意识的区别对待。换言之,**社会环境会对你是谁、你怎样思考以及你要做什么产生影**

响，而你的这些思想、态度和行为又会成为社会环境的一部分。两者的关系十分密切，错综复杂，我们需要从新的角度思考性别问题。

　　然后就要说到针对女性有意而明显的区别对待，各种形式的排斥、骚扰以及工作和家庭中的种种不公。其根源在于一个并没有过时、还有很大影响力的观点：男女"适当"的角色与地位。在第一章最后，你会不由地想我们是否无意中遇到了 21 世纪的盲点。对此，加州大学欧文分校的数学教授艾丽斯·西尔弗伯格（Alice Silverberg）评论道：

　　　　我还在念书时，女性长辈跟我讲过关于歧视的可怕的故事，但又补充说："一切都变了，这不会再发生在你身上。"但有人告诉我，她们的长辈也是这么说的，现在我们这一代人也对孩子们说着类似的话。当然，再过 10 年，我们会说："我们怎么能说那是平等呢？"如果我们告诉孩子，一切都是公平的，但事实却并非如此，这是为他们好吗？

　　本书第二章《性别偏见真的来自神经科学吗？》进一步审视了关于女性和男性大脑的论断。当人们说"固有的性别差异"或是"男人和女人天生适合不同的角色和职业"时，这到底是什么意思呢？

　　认知神经学家焦耳德纳·格罗西（Giordana Grossi）提出，现有的说法"以及不断被提及的性激素,使人们产生了稳定甚至不可改变的印象——女人和男人的大脑构造不同,所以产生了行为差异"。畅销科普读物及文章的热心读者可能已经形成了这样的印象,即科学表明男女大脑在子宫内就开始分化,这些结构不同的大脑又产生了截然不同的思维。大脑确实存在性别差异,谁做什么以及取得怎样的成就也存在巨大的性别差异(不过它在不断减小)。如果能通过某种方式把这些事实关联起来,或许会有一定意义。但循着当代科学的轨迹,我们发现了大量的空白、臆断、矛盾、糟糕的方法以及观点的突变——还不止一次重蹈覆辙。布朗大学生物和性别问题教授安妮·福斯托·斯特林(Anne Fausto-Sterling)指出:"尽管脑科学领域已取得诸多进展,但这个器官依然充满未知,甚至在人们尚未察觉的情况下,成了承载性别假设的绝佳媒介。"大脑的复杂性使该领域的研究中充斥着不当的阐释和轻率的结论。通过梳理这些课题和数据,我们将提出疑问:如今对性别不平等现象的神经学解释,会不会像头颅体积、大脑重量以及神经元的脆弱性一样,进入历史的垃圾堆?

科学家必须意识到这种可能性,这一点至关重要,因为这些科学推理的种子会成长为畅销作家骇人听闻的杜撰。卡里尔·里弗斯(Caryl Rivers)和罗莎琳德·巴尼特(Rosalind Barnett)在《波士顿环球报》(*The Boston Globe*)上警告人们,历史已反复验证,那些所谓专家的论断,"不过是给老掉牙的偏见披上了貌似科学的外衣"。但这种"流行的神经性别偏见"还是轻而易举地通过科普读物和文章进入公众的视野，包括父母和老师。换上神经学华服的性别歧视，正在改变孩子的教育方式。

神经性别偏见反映、强化了不同文化对性别的看法，而且影响可能还非常显著。关于性别的"大脑真相"没有得到证实，就成了文化的一部分。就像我在第三章《错觉也被遗传下去了》中所言，神经性别偏见给过去的性别观念注入新的活力，让它在孩子心中又取得了一席之地。孩子们渴望理解社会一分为二的划分方式，找到自己的归属。他们周围的世界还在不断改变，身边的父母思维尚未定型。

> 在我有生之年，我想不会有女性能成为首相。
> ——玛格丽特·撒切尔（Margaret Thatcher，1971），英国首相（1979—1990）

社会在相对短暂的时间内发生了这么巨大的变化，这值得铭记。人们还在不断开创先例。男女享有相同地位的社会会出现吗？也许其中难以消除的阻力并不是生理因素，而是我们不断与文化相调和的观念。这一点颇为讽刺。[2]没有人知道，有一天男人和女人是不是能实现绝对平等。但有一点我敢肯定：只要这本书里提出的各种争论能得到关注，50年后，人们回顾21世纪初这些辩论时会感到既困惑又好笑，奇怪我们怎么会认为两性平等必须止步于此。

# 目　录 ////////////////////////////////////////////

1　　　第一章　不断改变的世界,尚未定型的思维

3　　　　　第一节　其他人思,故你在

15　　　　　第二节　女人没有第六感,男人也会去买菜

70　　　　　第三节　不打高尔夫,只能做家务?

101　　　第二章　性别偏见真的来自神经科学吗?

103　　　　　第四节　命运在婴儿期已经决定了?

123　　　　　第五节　小孩和猴子的区别

148　　　　　第六节　谁在欺骗大脑,大脑又在欺骗谁?

////////////////////////////////////////////////////////////

197     第三章　错觉也被遗传下去了

199        第七节　不是你想中性教育就可以做到中性的

218        第八节　小孩子都是性别侦探

225        第九节　是爸爸妈妈还是自己决定了男女？

245     备　注

270     后　记

277     致　谢

279     作者按

第一章 | | | | | | | | | | | | | | | | | | | | | | | | | | | | | | | | | | | | | | | |

///////////////////////////// **不断改变的世界，尚未定型的思维**

## 第一节 。━━━━━━━━━━━━━━━━━━━━━━━━

## 其他人思，故你在

越来越多人把我当做女人，于是我变得越发女性化，不知不觉地适应了这个改变。要是人们都觉得我不会倒车或是打不开瓶盖，我奇怪地发现自己真的做不到了。要是别人说那个箱子太沉了我搬不了，我也会发现确实如此，这让我很费解。

——变性女作家简·莫里斯（Jan Morris）在自传《谜团》（Conundrum）（1987）中对变性后经历的记述

如果有个研究人员拍拍你的肩膀,请你根据文化常识写出男性和女性的特点,你会不会为难地看着这个人惊呼:"你这是什么意思?"每个人都是独一无二的、具有多面性,有时甚至自相矛盾,即使单论一种性别,环境、社会阶层、年龄、经历、教育水平、性取向和种族不同的个体,个性也是千差万别,要把这么复杂多变的事物粗暴地分为两类是不是毫无意义的? 不会! 你会拿起笔开始写答案。[3]

　　这个调查的结果是两个表,你会发现下面这些形容词放在18世纪关于两性责任的论文中一点儿也不突兀。其中一个列表很可能以共享性(communal)特点为主,如:有同情心、喜欢孩子、依赖他人、在人际交往中较为敏感、乐于抚育。你会注意到,这些是希望服务于他人需求的人的完美特质。在另一个性格列表中,我们会看到制控性(agentic)的描述:领导者、攻击性、雄心勃勃、善于分析、争强好胜、有控制欲、独立、个人主义。这些特性使世界屈服于个人意志且让你借此赚得薪水。我不需要告诉你哪个是女性特点列表,哪个是男性的,你肯定已经知道了。社会学家塞西莉亚·里奇韦(Cecilia Ridgeway)和谢利·科雷尔(Shelley Correll)指出,这两个列表也非常接近人们对"中产阶级、异性恋白人"的刻板印象。[4]

　　即使你觉得自己不认同这些刻板印象,但你的思维中有一部分确实如此。社会心理学家发现,我们有意识的自我阐述并不完全是事实。社会心理学家布里安·诺塞克(Brian Nosek)和杰弗里·汉森(Jeffrey Hansen)提出,刻板印象、态度、目标和认同似乎都处于内隐层面上，其运作"不受意识、意向或控制"的影响。人思维中的内隐联想（implicit association）可以看做错综复杂而又十分有组织的关系网，这个网络把不同的物体、人、概念、感受、自我、目标、动机和行为关联起来，其中每个关联的强度取决于你过去的经历（有趣的是，也与当前情境有关）：**那两个对象——比如那个人和那种感觉，某个物体和某种行为——过去同时出现的频率。**

那么关于男女，内隐思维自动联想到的是什么？社会心理学家用于评估内隐联想的测试基于这个假设：被试受到一种刺激时，会迅速地在无意识情况下自动触发强关联的概念、行为和目标等，而对弱关联的内容则作用相对较弱。这些被触发的表现更容易影响知觉，引导人的行为。

计算机化的内隐联想测试（IAT, Implicit Association Test），由社会心理学家安东尼·格林沃尔特（Anthony Greenwalt）、马扎林·贝纳基（Mahzarin Banajii）和布里安·诺塞克（Brain Nosek）设计开发，是应用最广泛的测试之一。这个测试要求参与者把词汇或图片进行相应的归类。比如，首先，他们必须分别把女性名字与共享性词汇（如互相关联、支持性）、男性名字和制控性词汇（如个人主义、争强好胜）归为一类。参与者通常会觉得这比交叉归类（女性名字与控制性词汇、男性名字与共享性词汇）要容易。研究人员将反应时长上这一微小而重要的差异，作为女人和共享性、男人和制控性之间自动、无意识的强关联的指标。

不管赞同与否，你都可能有相似的联想。因为这种联想，并不需要你使用到意识、意向和控制,人们就是从环境中存在的联想里形成了这种记忆。几乎每一只吸尘器背后都是一个女人在推着,联想记忆就会吸纳这个模式。这当然是有一定好处的,你可以轻松高效地了解周围的世界;但缺点就是,这种记忆似乎不会鉴别获得的内容——在学习显性知识时,你可以进行思考和选择性记忆,但联想记忆就不会。联想记忆还有可能自动获得社会、媒体和广告中的文化模式,或者对这些内容作出响应,这又会加强那些你并不赞同的联想。

这意味着,如果你崇尚自由、不想冒犯别人,你可能不会太喜欢自己的内隐态度。在它和有意识的自我之间,存在着大量分歧。研究表明,即使我们声称自己对社会群体的态度是新式而进步的,但我们的内隐表现却常常非常保守。[5] 在性别方面,"男"和"女"这两个概念触发的自然联想,远不止阴茎和阴道。内隐联想的测试表明,男人与理科、数学、事业、阶级和位高权重的内隐关联更为密切,而女人触发的内隐联想则为文科、家人及家庭生活、平等和低权威。

马萨诸塞大学的尼兰加娜·达斯古普塔(Nilanjana Dasgupta)和沙基·奥斯格里(Shaki Asgri)进行了一系列实验,揭示媒体及生活本身如何独立于我们的观点来创造这些联想。他们研究了反刻板印象信息的作用。在第一个实验中,他们让一组女性被试阅读著名女性领导人的缩略版传记,如 e-Bay 的首席执行官梅格·惠特曼(Meg Whitman)、美国最高法院大法官鲁斯·巴德·金斯伯格(Ruth Bader Ginsburg)。与没有阅读传记的对照组相比，她们在之后的内隐联想测试中，能够较容易地把女性名字和领导性词汇归为一类。但是，阅读这些杰出女性的传记，并未影响到被试关于女性领导力的外显观点。

达斯古普塔和奥斯格里又研究了现实世界对内隐思维的作用。实验参与者都是女生，来自美国的两所文理学院，其中一所是女子学院，另一所是男女同校。他们评估了入校仅几个月的大一新生对女性和领导力的内隐态度和显性观点，一年后重复实验。学校类型——男女同校或纯女校——并未影响学生自己描述的对女性领导力的看法，但他们的内隐态度却变了。

大一初期，他们都不能很快把女性和领导力词汇归为一类；但到二年级时，女子学院的学生们就不会再对"把女性和领导力归为一类"产生内隐性排斥。而男女同校的学生在测试中的速度却变慢了。这种差异产生的原因可能是，女子学院的学生能见到更多的女老师，男女同校的学生——特别是学习数学和理科课程的学生——与女性领导者接触的经历较少。换言之，环境模式改变了他们内隐思维中关于性别的刻板印象。

在环境中，当性别被置于突出位置，或者我们根据性别对他人进行归类时，就会自动触发关于性别的刻板印象。过去几年中，社会心理学家一直在研究激活的刻板印象将如何影响我们对他人的认知。但最近，社会心理学家对另一现象也产生了兴趣，即我们可能会通过刻板印象的透镜观察自己。因为事实证明，**自我概念是**

**可以被改造的。**

也许，你把自己的心理状态提供给精神科医生分析时，他并不会眼前一亮，也不会期待接下来 1 个小时会有比工作更多的乐趣。但你的个性里肯定有无数让社会心理学家着迷之处。因为，一个人的自我就像等待琴弓触碰的弦，像一张繁复的网，因环境不同而呈现微妙的差异。对此沃尔特·惠特曼（Walt Whitman）概括道："我辽阔博大，我包罗万象。"包罗万象的自我无疑值得拥有，但你很快就会发现，要同时处理这么多的侧面可不美好。更好的情况是，每次，只从那么多的行头里挑选出少数几件自我概念的外套。

有些心理学家将正在使用的自我——从整个集合中选出的某个特定的自我概念——称为活跃自我（active self）。如名字所示，它不是消极被动的，不会日复一日、毫无变化。相反，活跃的自我像一只不断变化的变色龙，每时每刻都会根据社会环境发生改变。当然，思维只能利用现有的一切——对每个人来说，自我概念中都有一部分比其他更容易被激活。但"自我"的大部分，都被各种社会身份的刻板印象占据着，比如纽约人、父亲、西班牙裔美国人、兽医、壁球运动员、男人。事实证明，在特定的时刻，你是谁——你自我概念的哪一部分处于活跃状态——与环境密切相关。虽然有时候，活跃的自我很有个性，但有时，环境会裹挟着你的社会身份，冲击正在使用的活跃的自我。它要对应的是一个特定的社会身份，那么会更接近刻板印象也就不足为奇了。类似的，强调性别也会有这样的作用。[6]

比如，一项研究要求一组法国高中生评估男女在数学和文科方面天资差异的刻板印象，然后再评价自己在这些领域的能力。首先，他们在自我评价中表现出显著的刻板印象。随后，他们按要求写出自己两年前在一个重要的国家标准化考试中的数学和文科成绩。不同于对照组学生，刻板印象组的同学的记忆发生了改变，变得与刻板印象一致。女生报告的文科成绩优于其实际水平，而男生则夸大了自己的数学分数，他们报告的成绩比实际分数平均提高了3％，同时女生对数学成绩则低报了同样的比例。这一影响看上去也许不是太大，但可以想象两个年轻人会由此选择不同的职业道路。因为受性别影响，男孩会把自己看做 A 等生，但一个同样优秀的女孩却会给自己打一个 B。

如果说这种激发性别意识的办法似乎不够精细，那是因为它确实不好。当然，这并不是说它不能代表真实世界。性别的刻板印象无处不在，有时甚至出现在不该在的地方。苏格兰学历管理委员会(Scottish Qualifications Authority)曾发起过一项运动，旨在增加高中物理、木工和计算机等科目少得可怜的女生选修人数，而一些老师毫无顾忌地表达了对这一举动价值的怀疑。"我认为我们最好意识到男生和女生不同，他们的学习方式也不一样，"爱丁堡一所知名私立学校的校长说，"总的来说，男生选择的科目适合他们偏逻辑的学习方法。"他言辞委婉，没有清楚阐明观点，而是让听众自行推论，也就是女生更倾向于非逻辑性的学习方法。但重要的是，刻板印象不需要公开表达，就可以激发性别意识。比如,你是否在填表时遇到过这样的问题?

☐ 男性

☐ 女性

甚至这么一个不带感情色彩的问题也会激发性别意识。研究者要求一组美国大学生评估个人的数学和语言能力。评估开始前,一些学生要在简短的人口统计调查部分写明性别,另一些人则要标明种族。打钩这么简单的步骤却有惊人的影响。比如,相对于表明自己的欧裔身份,欧裔的美国女生在性别被强调时,会对自己的语言能力更自信(这与流行的观点一致,即女性的语言能力更胜一筹),同时会低估自己的数学水平。相反,欧裔美国男生在强化性别(而非欧裔身份)时,会给予自己的数学能力更高评价;而突出种族时,则会高估语言能力。

甚至细微而不易察觉的刺激也会改变人的自我认识。心理学家詹妮弗·斯蒂尔(Jennifer Steele)和纳利尼·安巴蒂(Nalini Ambady)对一组女生进行了警觉性测试。被试需要根据电脑屏幕上闪光出现的位置,尽快按下相应按键。这些闪光实际是一些阈下刺激(subliminal stimulus),单词迅速被一串"X"替代,使人难以辨认。一组被试接受的是"女性"词汇,如姨妈、洋娃娃、耳环、鲜花、女孩等;另一组看到的则是叔父、铁锤、西装、雪茄、男孩等。随后,被试要评估自己参加适于女性的活动(如写作或文学考试)和适于男性的活动(如解方程、参加微积分考试或计算复利)时的愉悦程度。男性词汇组的女生认为参加两类活动愉悦程度相同。而女性词汇组对文科类活动的偏爱则胜过与数学有关的活动。作者认为,刺激**"改变了女生看待自我的镜头"**。

我们不仅会受到微小因素的作用,一些不可捉摸的因素也会影响我们。澳大利亚作家海伦·加纳(Helen Garner)提出,一个人可能会"认为人就像分散的气泡,从彼此身边漂过,有时会发生碰撞,或者……也可能会相互重叠,进入彼此的生活甚至内心"。有研究支持这一观点。**其他人对你的看法,或者更准确地说,你所认为的他们对你的看法,能够穿透你自我概念的界限。**威廉·詹姆士(William James)说:"一个人跟多少人交往并在他们心中留下印象,他就会有多少个社会自我。"为证实詹姆士的观点,普林斯顿大学心理学家斯泰西·辛克莱(Stacey Sinclair)等进行了一系列实验,表明人们在社交中会"调整"自我评价以迎合他人对自己的看法。**当我们想到某个人,或准备与他人交往时,自我概念就会进行调整,从而创建共享性现实。**也就是说,**如果他们对你的认知与刻板印象一致,你就会依照刻板印象行事。**

比如,辛克莱让一组女性被试认为,她们马上会见到一个颇有魅力但存在性别偏见的男人(他并不讨厌女人,而是认为女人应该被男性宠爱和保护,同时不希望女人过于自信或行事果断)。在交往中,这些女性就会调整自我概念,让自己更符合上述传统观点。

而另一组女性则被告知，她们要见到的男人对女人持现代观点。与后者相比，第一组女性认为自己更具备传统印象中女性的气质。有趣的是，只有当人们出于某种动机希望营造良好的人际关系时，这种社交性调整才会发生。这表明，生活中与你关系亲密、对你影响较大的人，很可能像镜子一样使你认识到自己的特点。

自我概念的转变，不仅是自我旁观时看到的变化，还会影响人真实的行为。社会学家布朗温·戴维斯（Bronwyn Davies）在对幼儿园孩子的研究报告中，描述了小姑娘凯瑟琳被一个小男孩抢走洋娃娃后的反应。她试着要回洋娃娃但没有成功，于是她大步走到衣橱旁找出一件男式马甲。她穿上马甲，"再次出征。这次她夹着洋娃娃凯旋，然后她立刻脱掉马甲扔到地上"。当成人从自我的行头里取出一个活跃的自我时，换身衣服仅仅是一种隐喻。但它是不是能像帮助凯瑟琳一样，帮助我们更好地担任某种角色或完成目标呢？研究表明答案是肯定的。

在最近的一组实验中，西北大学的亚当·加林斯基（Adam Galinsky）等人给参与者展示一个人的照片：拉拉队员、教授、老人或非裔美国人。试验中，一些参与者要假扮照片中的人，并写下其典型的一天。对照组则以客观的第三人称（他/她），描述照片中人的典型生活。这意味着，研究者不仅能看到刻板印象的作用，还可以看到观察角度的影响。研究者发现，观察角度引起了"自我—他人的混合"。与对照组相比，那些假扮拉拉队员的被试在自我评估时，认为自己更为迷人、漂亮和性感；想象自己是教授的人，感觉自己更聪明；假设自己是老者的人，感觉自己更加虚弱而独立；那些经历了短暂的非裔美国人生活的人，则认为自己更加强健、具有攻击性。他们的自我认知融入了人们对另一个社会群体的刻板印象。

随后，研究者证明自我概念的改变会连锁影响到个人行为。加林斯基等人发现，与对照组相比，假扮教授的被试分析能力有所提高，而把自己融入拉拉队员特性中则会有损这种能力。在实验测试中，假想自己是非裔美国人的被试比自认为是老人者更具竞争力。将自己假想为他人这样简单而短暂的经历，会改变人的自我认识，并由此改变人的行为。这为"演久便成真"的谚语提供了事实依据。

斯泰西·辛克莱等人还观测到行为会受显著影响。你应该还记得，那些要跟观念传统的男人打交道的人，比起要跟观点更现代的男人相处的人，觉得自己更有女性气质。在一组实验中，辛克莱安排被试和这个男人接触。当然，这个男人只是个实验助手，他并不知道，他对女性的态度，被试得到了什么信息。那些以为他待人和善但有性别偏见的被试，不仅认为自己更具女性气质，行为也更符合刻板印象。作为一个在哲学系工作过几年的心理学家，或许我可以借此机会，告诉那些觉得在茶室里跟我交谈索然无味的同事，这纯属他们对心理学家的轻视。

显而易见，**一个不断变化的自我可以有很强的适应性，这有很大的用处。**社会自我是社会环境（包括他人观点在内）改变自我认识的关键,不断改变的社会自我能让我们在各种环境中都有合适的心理着装。我们已经看到,自我概念的改变会连锁影响个体行为,在下面的章节中我们会仔细研究这一现象。我们在社会交往中敏感而可塑,能够针对不同环境和伙伴选择正确的社会身份,这有助于我们更好地融入、扮演当前的社会角色。在相应的环境中,女性自我和男性自我无疑像其他社会身份一样有用,但灵活、有用、对环境敏感,毕竟不同于"线路固定"。如果我们进一步研究共情的性别差异,就会发现那些归因于固定线路的现象,更像是个体根据不同社会环境的固有期待,自我敏感地作出了调整。

## 女人没有第六感,男人也会去买菜

一天吃早饭时,我的病人简抬起头,看到丈夫埃文正微笑着。他举着报纸,但目光向上,眼睛来回扫视,不过也不是在看她。她见过身为律师的丈夫有过好几次这样的行为。她问道:"你在想什么? 你一会儿上法庭要跟谁交锋?"埃文回答说:"我没想什么。"事实上,他自己可能都没意识到,他正在预演晚些时候与对方律师的争辩——他论据充足,正等着到法庭上跟对手大战一场。在这一切发生之前,简就知道了。

——劳安·布里曾丹(Louann Brizendine)《女性的大脑》(*The Female Brain*,2007)

天啊,布里曾丹给女人设的标准也太高了。我试着回想与丈夫共同生活的这些年里,瞥见他的手指在碗边敲打时,是不是也曾未卜先知地问过:"你在想什么?等会要去付的账单?"坦白地说,吃早饭时,我更愿意省下脑细胞想想自己的事情,而不是关心别人。不过,虽然布里曾丹的说法有些夸张,但女人是不是真的有特别独特的方法,能比男人更了解他们自己的思想?或者说,是不是除非别人开始哭啊喊啊,威胁要动手了,不然男人们都意识不到别人有情绪?对于"女人的第六感"、"女性式的敏感"这些概念,我们都很熟悉。

顺便说一句,分清这两种不同的"女性"能力也很重要。一个男人在寻找让自己振作精神、舒缓眉头的灵魂伴侣时,他要是够聪明,就会关注潜在对象的两个能力。首先,他需要对方能够很快——比如,从他紧锁的眉头中——觉察到他需要宽慰。这就是认知共情(cognitive empathy),凭直觉知道他人所思所感的能力。但除此之外,这种洞察力还得用在正道上,情感共情(affective empathy),也就是我们常说的"同情",是指对他人痛苦的感知与关心。具备这两点,你就得到了一位"人形天使"。巴伦·科恩在《本质的区别》一书中写道,"想象一下,你不仅看到了简的伤痛,还自然地心生关切,似乎感同身受,你觉得自己想要跑过去帮她缓解痛苦"。

我们已经知道,巴伦·科恩认为,一般,女性有"卓越的硬件",可以感同身受,想要跑过去帮他人减轻伤痛。他设计了共情商数

(empathy quotient)量表，其中包括"我能很容易地分辨出别人是否愿意对话"、"我很喜欢照顾别人"等陈述，以此评估人的认知共情和情感共情的能力与倾向（作答的人需要在每个陈述后面填写"同意"或"反对"的强烈程度）。为了判断他所说的大脑性别，巴伦·科恩还同时配合使用系统化商数(systemizing quotient)，其中的问题包括："如果家中的电力线路有问题，我能够自己修好"、"看报纸时，我会被表格类信息吸引，如橄榄球赛比分或股市指数"。如果一个人的共情商数比系统商数高，那么其大脑就是 E 型或女性；结果相反则表明大脑为 S 型或男性。少数人在两个测试中会取得相近的分数，他们有一个平衡的大脑。巴伦·科恩称，少于50％的女人，和仅有 17％的男人，拥有女性大脑。[7]

记者阿曼达·谢弗(Amanda Schaffer)在 *Slate* 杂志上撰文指出，大部分女性都会说自己并没有很好的共情倾向。虽然反对并不强烈，但在这种情况下还是把女性大脑等同于共情，就很奇怪。她说当她询问巴伦·科恩时，他"承认自己会再考虑'男性/女性大脑'这个术语，但不会放弃使用"。而且说到术语，不是用了"共情商数"量表这个名字，这个测试就自然成为共情能力测试的。要求人们描述自己的社交敏感度，就像是用"我能很轻松地解微分方程"来评估一个人的数学能力，或是根据是不是同意"我能很快学会新的体育项目"来评价运动技能。这种方法里明显的主观因素很需要斟酌。

事实证明，对共情能力的怀疑，不管是情感方面还是认知方面的,都很合理。在评估情感共情的性别差异时,心理学家南希·埃森伯格(Nancy Eisenberg)和兰迪·列侬(Randy Lennon)发现,如果评估的内容不是显然关于共情能力的话,女性的优势会微不足道。所以,如果一个测试很清晰地指明,就是要测试共情能力,而且是让参与的人自己描绘自己,那性别差异就十分显著了。而测试如果没有说明明显的目标,差异就会减小。要是这个测试中衡量共情所用到的指标,是一些不起眼的心理状态,或是面部表情/肢体动作的话,那男女的表现就没有差别。换句话说,男女的实际共情能力几乎没什么不同。不过,借用埃森伯格对谢弗所说的,要是说到**"想在别人面前表现得多共情"**,男女的表现就会不同。

说到认知共情,很多人都觉得自己对人际交往中的幽微之处非常敏感,但还是会无意中冒犯、误解或无视别人发出的微妙信号,这样的人还不在少数。是什么造就了卓越的共情能力? 为寻找这一问题的答案,心理学家马克·戴维斯(Mark Davis)和琳达·克劳斯(Linda Kraus)分析了当时所有的相关文献。他们的结论让人大为震惊。在预测人际交往的准确情况时,人们对自己的评估几乎是完全没有用的,评估的内容大概包括社交敏感度、共情、女性特质和体贴程度。作者总结道:"目前所有证据都毫无疑问地指出,用自我描述来衡量社交敏感度的传统方法,对我们作出判断,几乎没有价值。"最近一项研究发现,"人的自我评价和真实表现相关性并不显著",另一项样本超过 500 人的研究也证实了"这一出人意料的结论。也就是一般来说,**人们都不能准确评价自**

己解读思维的能力"

值得一提的是,也有少数研究发现自己认为的共情能力和真实水平也不是毫无关系。最近,澳大利亚一项针对 400 余人的研究发现,共情商数与"读眼读思维"(reading the mind from the eyes)测试有一定联系。测试是一系列的多选题,参与者要根据一系列眼部图猜测人的精神状态。但与其将这种联系称为规律,倒不如说是一种特例。在这个研究中,联系背后的原因可能出人意料。[8]地处阿林顿(Arlington)的德克萨斯大学教授威廉·伊克斯(William Ickes)是共情研究方面的专家,他在《日常思维解读》(*Everyday Mind Reading*)一书中提出,"很多人可能都因缺乏元知识而无法准确评价自己的共情能力"。这其实是一种委婉的学术性表达,意思就是,要想评估别人的共情能力,你还是省省吧,不如直接找几只猴子做自我测评表吧。

因此,尽管巴伦·科恩发现女性在共情商数测试中得分相对较高,也并不能有力地证明她们实际的共情能力更强。至于为什么她们的自己评价过高,也不难给出一个看似合理的假说。我们在上一节中提到,当性别概念被强调时,人们会以更传统的眼光看待自己。可以想象,共情商数表中的表达会强化她们的性别意识。正如哲学家尼尔·利维所言,共情商数和系统商数表中的内容"常常是在判断性别,因为它要求被试回答是不是喜欢的那些活动,都很明显指向男性或女性(一部分关于汽车、电路、电脑等机器、体育运动、股市,另一部分则与友谊等人际关系有关)"。而且,在作答之前，被试总要先填写性别，我们知道这会激发人的性别意识。那么，女人到底是不是真的擅于猜测别人的想法和感受呢？

"女人的第六感"这一说法并不乏经验性支持。澳大利亚人研究发现，在"读眼读思维"这个测试中，女性成绩高于男性，不过差距很小。试题共 36 道，女性平均能猜对 23 道，男性为 22 道。[9]在一项名为"非语言类敏感度"的测试中，女性成绩也略高于男性。测试中，被试会观看一名女性表演一系列短暂而不连续的情景。每一幕都只有 2 秒钟，而且被试只能看到部分信息，例如只有躯体和手，或只有面部。被试要根据少量信息选出 1～2 个可能正确的描述。[10]尽管总体来说，女性的优势并不明显，但实验细节却值得注意。如果在一次宴会上听到别人在讲最近橄榄球赛比分的规律，你可以很容易地礼貌性微笑，表示对此感兴趣。但交流中所谓的"渗漏式"方式——像肢体语言和转瞬即逝的微表情——就没这么容易控制了。在非语言类敏感度测试中，女性特别擅长解读面部表情等可控的交流方式，但对于"渗漏式"方式，优势就比较小了。

这很奇怪。女人的直觉不应该更擅长于解读别人看不到的隐藏信息吗？比如，布里曾丹认为，女人的直觉使她们能够"感觉到孩子青春期中的压力、丈夫对事业一闪而过的想法、朋友目标完成时的快乐以及配偶内心深处的不忠"。但现在看来，女人凭直觉似乎只能识别流露在外的情感，而不是以其他方式悄悄表露的更有趣的真实情绪。对此一种解释是，为更好地融入社交生活，女性都成了"礼貌"的解读者，她们不会透过休息室的钥匙孔窥探别人无意中流露的情绪。

另外,"读眼读思维"和"非语言类敏感度"等测试也并不是日常生活中解读思维的真实情景。理解蒙娜丽莎的表情,或者和一个身着长袍的穆斯林女人交谈,比较接近前面说的这种能力。但是,更典型的社交情境是包含了别人内容丰富、不断变化的信息。而且这并不是一个有选项的多选题,让你选出可能的感受。20世纪90年代,威廉·伊克斯等人开发了一项新的共情能力测试,可能是这个领域"最严格"的测试。共情准确性测试的场景是这样的:两个被试一起等待实验开始。因为放映机灯泡爆裂,工作人员离开去找新的来换。事实上,实验已经开始了。他们坐在那里等时,摄影和录音持续了6分钟,但他们并不知情。工作人员返回后向他们解释实验的真正目的。如果两人都愿意继续实验,他们将分别观看刚才两个人交流的短片。看录像时,如果他们回忆起当时有某种想法或感受,就暂停播放,然后写下具体的想法和感受。实验的最后一个环节,两人再次观看录像,当录像播放到对方产生了某种感受或想法时会被暂停,并要求观看者辨别这是积极、消极还是中性的。实验就是要推断这些感受和想法是什么样的,然后可以和感受者自己的描述进行比较。

在前面提到的所有实验中,这一个看起来最接近于现实生活中的共情过程,你应该也比较赞同吧。这里没有演员刻意做出的表情,没有单独的眼部区域,没有把声音和双手单独分离出来,也没有精心设计的场景。相反,人们以自然、即兴的方式进行交流,有持续的精神状态，并且其他人可以根据很多线索来推断这些状态。你可能会觉得，男人对这项高难度测试感到吃力，事实并不是这样。伊克斯在《日常思维解读》中指出，出人意料，在使用该方法进行的前 7 组实验中，没有发现性别差异。

我们通常说的"女人的第六感"这个共情优势，哪里可以看到呢？在和异性的陌生人交流或和异性恋人交往中，这种优势都不明显，甚至在新婚或结婚已久的伴侣间也是如此。即使女性两两或多人相处，与男性以同样方式交流相比，也没有明显差异。在德克萨斯、北卡罗来纳或是新泽西也是如此。难道这只是一种错误的文化迷思？抑或是正等待科学揭穿的虚构传说？

但这时，"令人困惑"的事发生了。在首次共情准确性测试完成 4 年之后，又相继进行了 3 组实验，这次的确发现了性别差异。研究人员很快注意到，被试观看录像时所用的表格有点不一样。在新表中，除了要填写自己猜测的想法或情感外，还要自己评价一下猜测的准确度。使用新表时，女人的直觉就开始"存在"了；使用旧表就没有。原因是什么？伊克斯认为，这个微小的变化提醒女性她们的共情能力"应该"更高，从而调动了她们完成任务的积极性。他从实验室研究中得出结论，即"一般来说，男女的共情能力相当，但有证据表明，当环境中的暗示提醒女人，她们的共情能力应该更好时，她们的积极性受到激发，从而展现出较高的准确性"。

如果是这样，那么改变实验环境使其能够激发男性的积极性，他们的共情能力应该也会有所提高。这正是研究人员发现的结果。克里斯蒂·克莱因（Kristi Klein）和萨拉·霍金斯（Sara Hodges）进行了测试，要求参与者先看一段录像，录像是一个女生说自己因为考试分数不够高，进不了理想的研究生院。[11] 在这个测试开始前，如果先问被试对这个女性的同情度，以强化女性特质，那么女性被试的成绩会明显高于男性。第二组参与者的流程几乎都一样，只有一个重要差别——表现好的可以获得金钱奖励。具体就是，每答对一题就可以拿到 2 美元。有了金钱激励，男女的表现就不相上下了。这表明，如果"有人花钱买理解"，男人能神奇且轻而易举地战胜迟钝。

如果让男人们意识到共情能力具有很高的社交价值，也能改善他们的表现。卡迪夫大学心理学家让大学男生阅读一篇题为"女人的需求"的文章。[12] 文章引用虚构的参考文献提出，与一般观点相反，女性认为"具备阴柔气质的非传统型男人"更性感有趣，要是在酒吧或者俱乐部遇到这种类型的男人，她们更愿意跟他们一起离开。读过这篇文章的男性在共情准确性测试中的表现优于对照组，也比那些以为实验是要调查所谓"不准确的男人直觉的人"更好。

显然，**认知共情测试的成绩取决于积极性和能力的共同作用。**如果社会期望使得男女的积极程度不同，那么这种期望是不是也造成了能力差异呢? 在另一个名为"人际知觉测试"(Interpersonal Perception Task)的社交敏感性研究中,女性的平均成绩依然高于男性。测试中,参与者要观看他人自然交流的情景,并通过语言和非语言类行为推测他们的不同关系。比如,要从两个成年男人和一个孩子的场景中推测谁是孩子的父亲。最近,心理学家安妮·凯尼格(Anne Koenig)和艾丽斯·伊格利(Alice Eagly)通过这项测试研究了下述观点:也许正是"女性社交能力较强"的刻板印象赋予了她们这一优势,尽管并不公平。研究人员向一组参与者介绍说,这个测试能准确衡量社交敏感性,换句话说,就是"准确理解别人的交流的能力,或在日常对话中使用微妙的非语言暗示的能力"。测试开始前,研究人员不经意地提到:"已经有几组人进行过测试了,共有 15 个问题。不出意料,男性的成绩要低于女性。"结果这一组的男人表现真的略逊于女人。而向另一组参与者介绍时,研究人员则不带任何性别倾向。他们说,测试目的是衡量对复杂信息的处理能力,换句话说,即"人能不能准确处理不同的信息"。结果这一组的男女表现相当。

这些研究传达的关键信息是,我们不能抛开社会环境讨论人的共情能力和积极性。**社会文化对不同性别的共情能力有明显不同的预期,而男女思维又会分别与这种预期相互作用**。如果我们让女性暂时觉得自己是男性,会有什么结果呢? 上一节说到,人们以第一人称"我"假扮他人时,对方刻板印象中的特征就会渗入"我"的自我概念。这种身份融合能够跨越性别。

几年前,心理学家大卫·马克斯(David Marx)和迪德里克·斯塔佩尔(Diederik Stapel)在实验中请一组荷兰大学生描写学生保罗的一天。其中一半学生使用第一人称"我",另一半则使用第三人称"他"。随后,要求他们为自己的技术分析能力和情绪敏感度打分。使用第一人称、将自己假想成保罗的女生,改变了自我概念。她们将男性刻板印象的特点融入到了自我概念中。与使用第三人称写作的女生相比,她们对自己的分析能力打分较高,但对情绪敏感度评价较低。换句话说,"自我和保罗的融合,使女被试变得更加'男性化'"。事实上,她们已经与男人非常接近,在评估有性别倾向的特点时,她们的数据与真正的男人无法区分。但对男参与者来说,假扮保罗并没有影响他们的自我概念,也许这是因为他们原本就是男性。

他们还参加了一系列情绪敏感度测试。包括:识别不同情绪的面部表情,选择某一复杂情绪(如乐观)由哪两种基本情绪构成,推测当人有负罪感、觉得自己失去价值时,会产生哪种情绪(沮丧、恐惧、羞愧还是同情)。没有假扮男性角色的女人在测试中的表现优于男性,正确率平均为72%,而男性的成绩多在40%左右。那些仅仅是短暂地把自己假想成男人的女参与者,成绩则与真正的男人一样低。

思维与社会预期复杂的相互作用无疑会影响我们的情感共情能力。群体性情绪研究探讨的是这一观点,即当"人们认为自己属于某个团体时,他们的社会身份会被强调,而个人身份会相对弱化,这时他们的情绪体验和自我描述将取决于这种团体身份"。最近的一项研究表明,社会身份稍加强化,就能使人体验到群体性情绪,这与他们作为独立个体时体验到的情绪不同。也许,女人将自己的身份定位于女性或母亲、而不是独立个体(比如售货员等角色)时,会变得更有同情心?

我们不得而知。但埃克赛特大学(University of Exeter)心理学家米歇尔·瑞安(Michelle Ryan)等人发现,**社会身份能改变人面对道德困境时因同情而产生的犹豫**。20 世纪 80 年代,卡罗尔·吉利根(Carol Gilligan)提出男女处理道德问题的方式不同,这一观点颇为有名。她认为"正义伦理"(ethic of justice)偏向于抽象的准则,如平等、互利、普适规律,更常为男人所用。相反,"关怀伦理"(ethic of care)则倾向于考虑人的感受和相互关系,主要为女人所用。后来又有研究人员认为,使用哪种伦理主要取决于道德困境涉及的对象——男女都会把抽象的普适规律和原则应用于陌生人,但要是涉及朋友等关系亲密的人,就会转向用关怀伦理来解决问题。两性在处理道德问题方面的差异,似乎不是天生的,因为它可能会随社会身份改变而消失。

瑞安等人给澳大利亚国立大学的学生出了一个道德难题:一个地方职业技术与继续教育项目的学生,急需一本书来完成明天必须交的作业。没有这本书,他就没法完成作业。但这个学生自己学校的图书馆中没有这本书。研究人员问国立大学的学生,愿不愿意帮那个学生从自己学校的图书馆借书?

在给出这一难题之前，实验人员要求被试先对一个辩题头脑风暴一下，来控制他们呈现出的社会自我。随后再向他们提出这一困境，要求他们说明自己会考虑哪些因素，会怎样应对。在一组被试中，先头脑风暴的议题是"男性依然强势"或"女性已非弱者"，这就强调了性别刻板印象。这一组被试的道德推理方式存在显著的性别差异，女生考虑关怀性因素（如减轻他人的痛苦）的可能性会加倍。这可能会让我们觉得，男生在处理道德难题时不容易共情——但情况不是这样。

　　在另外两组中，并没有强调性别，而是强调了作为学生的身份。第二组学生假设自己是接受职业教育的学生，那么，那个需要帮助的学生就是他们中的一员。最后一组则强调了他们的独特身份——澳大利亚国立大学学生（澳大利亚国立大学可能是当地最好的高等学校）。第二组中，男生女生都倾向从关怀他人出发考虑问题，鲜有关于正义的说理。但最后一组被试，作为澳大利亚国立大学的学生，则感到其关系与苦恼的职业教育学生较为疏远，表现与第二组相反。

　　也就是说，如果并不立足于"男"或"女"的身份，我们的看法会相同，男女都容易受到社会距离的影响，亲疏关系会成为推动力，把道德判断推向"关心—正义"轴上的不同方向。但道德推理还会受到另一个社会因素的影响——性别的突出地位。因此，作者认为**"男女的差异，并不来自性别本身，而是因为对性别及相关行为准则的特意强调"**。当然，他们同时指出，"在大多数情况下，性别是最普遍最突出的分类了"。

　　让我们回到简和埃文的早餐桌上再观察一下。

　　18 世纪时托马斯·吉斯伯恩高兴地观察到,女性要履行其社会责任最需要的那些品质,自然刚刚好那么合适地赋予了她们。如今,这一观点已经彻底变了——女性选择了最适合她们思维的社会角色。不过,也许吉斯伯恩已经接近了真相。在社会环境的潜移默化下,思维利用女性的身份认同,给她们装备上了敏感、同情、怜悯心等认为她应当具有的特质。随后,令人惊异的是,这种增强作用又消失了。这就像魔法一样。但在下一节我们会看到,社会心理学中充斥着这种忽隐忽现的把戏。

找到一种性别差异,什么样的都行。再仔细看着,噗! 没了。

社会心理学家十分擅长这些性别差异的戏法。各个领域——从社交敏感度、国际象棋到谈判——都有无数这样的例子,但最突出的还是进行心理旋转的视觉空间能力。

最常用的经典实验,是让被试看一个由小立方体组成的并不常见的三维图形。另外还有 4 个图形,其中 2 个跟原图一样,但在三维空间内进行了旋转,另外 2 个则是原图的镜像。这个测试的任务就是找到与目标相同的 2 个图形。

这个心理旋转能力集中体现了两性在认知方面的差异。在一般样本中,成绩在平均分以上的人有 75% 是男性。最近有研究发现,甚至 3~5 个月大的婴儿,这个能力也有性别差异。[13]显然,能在这个测试中成绩优异的人,应该也擅长玩俄罗斯方块,还有人称男性在这个领域的优势可以解释他们在科学、工程和数学方面的卓越表现,不过这一观点通常会被强烈反对。[14]

人的心理旋转能力具有可塑性,能通过训练来提高。[15]但还有更快更简单的改善办法,现在你肯定也知道一点了——控制社会环境来影响参与者的思维。比如说,把测试变得更有女性特质。要是被试知道,这个测试是关于“飞行技术和飞行器的航空工程、核推进工程、水下行进与闪避、航运”等领域的成就,男性的成绩就会遥遥领先。但是同样的测试被说成可以预测“服装设计、室内装修与设计、独创的装饰性针绣、缝纫和编织、钩编、插花”等缺乏男子气概的能力时,男性的成绩就会下降。[16]

另一种方法是保持测试本身不变,将性别因素融入背景设置中。比如,马修·麦格隆(Matthew McGlone)和乔舒亚·阿伦森(Joshua Aronson)选择了美国东北部的一所文理学院,测试学生的心理旋转能力。他们在一组被试中强调了性别因素,另一组则强调其私立学院学生的身份。那些被引导着关注学生身份的女生,成绩显著提高,远超出强调性别的女生。马克斯·豪斯曼(Markus Hausmann)等也发现,强调性别刻板印象时,男人的表现优于女人;但其他刻板印象(如地理位置)被激发时,男女在心理旋转能力测试中成绩相近。

意大利研究人员安杰莉卡·莫(Angelica Moe)最近设计出一种新的方案,有悖常规但却行之有效。她向意大利高中生介绍说这个测试是关于空间能力的,并告诉一组被试"男人在测试中的表现比女人好,可能与基因有关"。告诉对照组的信息则与性别完全无关。第3组得到的就完全是个谎言了,"女人在测试中的表现比男人好,可能与基因有关"。结果呢?被告知男性表现好的组和对照组中,男生表现好,两性成绩差异在合理区间内;被告知女人表现好的一组中,女性成绩和男性不相上下。

为什么这么简单的方法——实验的描述稍有改变、激活某一社会身份或是撒个小谎——就能削弱认知领域根深蒂固的性别差异呢?上一节看到,环境能够改变人们完成某一任务的积极性。心理学家正着手研究社会环境增强或削弱思维能力的其他方式。事实证明,身处"错误"的社会群体,能用无数方法创造出具有欺骗

**性的心理路径。**在社会环境与传统男性领域(尤其是数学)的能力是怎么相互作用方面,研究者已经取得了很多进展。在这一节我们将看到,从事传统男性工作的女性所面临的问题跟舞蹈家金格尔·罗杰斯❶(Ginger Rogers)相同,对此一个著名的说法是,"她的动作与弗雷德·阿斯泰尔(Fred Astaire)一样,只不过她要穿着高跟鞋向后跳"。

雷吉娜·莫朗兹—桑切斯(Regina Markell Morantz-Sanchez)著有《同理心与科学》(*Sympathy and Science*)一书,记录了美国医学史上的女性,其中提到了 20 世纪初医学生玛丽·里特(Mary Ritter)在手术室中的难忘经历:

> 可怕的手术还在继续,我咬紧牙关,握紧双拳,坚持着。站在我身旁的是一个高年级女生。她面无血色,轻轻晃动了几下。保持安静是手术室中的规定,但我还是违反守则在她耳边小声说道:"千万别晕倒。"两个女生都很争气,没有晕倒。三个男生却因为暂时性循环障碍晕倒了,情况并不严重。但如果晕倒的是两个女生,这就会成为女性不适合从事医学工作的有力证据。

---

❶ 金格尔·罗杰斯(1903—1996),美国电影演员、舞台剧演员、舞蹈家、歌手,曾获奥斯卡最佳女主角奖,以和弗雷德·阿斯泰尔的合作最为知名。

医学领域原本由男性主导，作为一位女性闯入者，里特敏感地意识到刻板印象威胁（有时也称社会身份威胁），即"当环境中存在着针对某一群体的负面刻板印象时，该群体成员时刻都有可能受到恶劣评价和对待"。有文献表明，就像在心理旋转实验中的情况一样，改变环境的威胁等级对个体能力有明显影响。对此，纽约市立大学心理学家凯瑟琳·古德（Catherine Good）等人给出了现实例证。其实验对象是 100 多名上微积分课的大学生，这门课进度快、难度大，是学习自然科学的基础课程。实验要求学生参加一场微积分考试，试题均来自 GRE（Graduate Record Examination）数学专项。为激发其积极性，研究人员告诉学生将根据其表现奖励额外的学分（事实上，每个人都得到了相同的学分）。发放的册子里有一些背景信息：刻板印象威胁组的学生被告知，测试是要评估他们的数学水平，研究为什么有些人在数学领域更出色。这种表达本身就足以构成刻板印象威胁，因为人们一般认为女生不擅长数学。无威胁组也看到了这些信息，但除此之外，他们还获知，已有几千名学生参加过测试，结果并没有发现任何性别差异。这条额外的信息会有什么作用呢？

两组学生该课程的平均成绩相同。考虑到其能力相当，你会预计无论环境有没有威胁性，男女的测试成绩都应处于同一水平。但是研究人员发现，无威胁组的女生成绩更好。英裔美国人也呈现同样的测试结果，这让人十分惊讶，因为一般来说，这部分人在数学领域的性别差异是最明显的。威胁组所有学生和无威胁组的男生,在这次高难度的测试中成绩均答对 19％ 左右。而无威胁组的女生则平均答对 30％,高于包括两组男生在内的所有群体。也就是说,标准考试形式似乎会阻碍女生的正常发挥,而根本不需改变考试内容,只说明这个考试对男女生来说难度一样,就能"释放她们的数学潜能"。

在学术生涯中,这些本来就有负面刻板印象的群体,就可能会大量遭遇刻板印象威胁,这多少会让人不安。最近,斯坦福大学的格雷戈里·沃尔顿(Gregory Walton)和同事史蒂文·斯潘塞(Steven Spencer)分析了几十组刻板印象威胁实验的数据以检验下述观点:在这方面被负面影响的学生,其学术表现像"逆风奔跑的田径运动员的成绩一样,无风情况下成绩会提高"。他们证实,有负面刻板印象的学生(即解答数学题的女生和非亚裔少数民族学生),在 SAT 测试(Scholastic Aptitude Test)等学业考试中,受刻板印象威胁影响,成绩会低于其他学生。更重要的是,如果移除了这种威胁,这些学生的表现会优于那些考试成绩与之相同的学生。[17]

在研究刻板印象威胁的负面作用时,心理学家很有创造性。有时,他们会自己制造负面刻板印象。但多数情况下,他们都乐于使用社会中已有的那些对差异的看法,比如女生数学差。这很自然,又有效。女性在下面一些情境中会受到刻板印象威胁的影响:填表时先填性别,很多测试都是这么进行的;参加测试的女性较少;刚刚看过把女人表现得很蠢的广告;有些老师或同伴带有性别偏见，或潜意识中持此态度。事实上，引发这种威胁的微妙暗示比公然表达更有害，这意味着与几十年前相比，刻板印象威胁对女人来说可能是个更严重的问题，虽然过去人们在贬低女人时更无禁忌。

那么受到威胁时女性的思维会发生什么变化？

一想到要参加数学考试，自己的数学水平是高是低将显露无遗，女人就会调用自己的性别身份，这对她们多少有些不利。这时不擅长数学的刻板印象就与自身密切相关了，这一点非常重要。这也许能够解释，为何在马修·麦格隆的心理旋转实验中，突出私立学院学生身份的女生表现得比强调性别的女生要好——前者把自己看做智力精英机构的一员，而不是一个女人。研究表明，**"知道和隶属"的致命组合**（女人不擅长数学和我是女人）**会降低人的自我期许**，引发工作焦虑等负面情绪。[18] 例如，帕多瓦大学（University of Padova）的玛拉·卡迪努（Mara Cadinu）等人对女生进行了类似美国 GRE 数学专项的测试。测试前，他们告诉部分女生"最近研究表明，男生女生在逻辑数学测试中得分差距很大"，但对其他女生说不存在这样的差距。在回答每个问题前，参与者都要在空白页上写下她们的所有想法。刻板印象组女生写下的对数学测试的负面感受（如"这些题对我来说太难了"）是另一组的 2 倍多。这种消极情绪进一步影响了她们的表现。在测试的前半部分，两组都答对 70% 左右，但在后半部分，对照组的成绩略有提高（81%），威胁组则陡然降至 56%。

最近,克里斯汀·洛热尔(Christine Logel)等证实,人们会尽力抑制与环境诱发的负面刻板印象有关的特点。[19]她发现,在刚要开始进行比较难的数学测试时,突然被打断的话,女人对不合逻辑、直觉和不合理等词汇的反应就会比男性还慢。这表明,她们在担心的这些女性特点(不合逻辑、相信直觉、失去理性等)被抑制了。但随后,令人奇怪的是,她们又对这些词汇极其敏感。毫无疑问,她们对刻板印象类的词,在测试结束后就可以迅速反应。但男人则不会出现这种混乱的状况。也许你觉得,压抑这些特点对女人有好处,其实不会。洛热尔发现,**女人越是压抑非理性的自我概念,表现就越糟糕。**原因可能是,压抑这些思绪和焦虑所占用的智力资源,本来可以好好用在其他地方。要想很好地完成智力类的任务,你得集中精力,随时调用计算所需的信息,同时忽略与任务无关或令人分心的事情。而负责这种智力资源管理的就是所谓的工作记忆(working memory)或执行控制(executive control)。面对困难而又重要的智力工作时,很多人都可能产生负面的自我怀疑和焦虑情绪。我们已经知道,受到刻板印象威胁的人会有更多负面情绪。这给工作记忆增加了额外负荷,甚至损害了你为之努力的任务。此外,你还要努力控制随之而来的消极情绪,不幸的是,这会进一步消耗工作记忆资源。

你应该能体会到,完成繁复的脑力劳动时,还要努力克服这么多困难,实在不是什么好的精神状态。而且,并不是女性大脑才有紧张不安、缺乏自信,所有受到威胁的大脑都会有。其他社会群体,比如白种男人,也会有类似的表现。如果减小考试环境对女生的威胁——为她们创造一个男生面临数学考试的环境——研究者发现,工作记忆和考试成绩都不会再受到负面影响。[20]

刻板印象威胁不仅会占用工作记忆,还会使个体进入避免失败的状态。他们的精神不再专注于追求成功(大胆、富有创造性),而是转向避免失败,变得谨慎、小心、保守,两者分别被称为关注提升(promotion focus)和关注预防(prevention focus)。比如,同一个测试的说明,可以是评估“两性的语言能力”,也可以说是“语言能力”,描述不同意味着这个环境中男人的语言能力较差的刻板印象会不会被强化,这样的话,男人对待测试的方式也不一样。在刻板印象威胁下,他们会努力避免错误(而不是努力做好),速度较慢,但正确率较高。研究者还发现,如果刻板印象是正面的,会对他们很有帮助。

还有一个砖块测试,参与者需要尽可能多地想出砖块的用途。根据答案的创新性高低给出成绩,比如“想象我只是墙上的一块砖”就比较新颖,“建房子”就缺乏创造性。如果知道同专业的人表现都很优秀,这些学生得分就比刻板印象相反的学生高。不难发现,如果流行的文化观点能让你思维更开放、更有想象力,在现实生活中会有多大的激励。在《异类》(*Outliers*)一书中,马尔科姆·格拉德威尔(Malcolm Gladwell)比较了两个高智商的学生在砖块测试中的回答。一名学生给出了几个具有创造性的答案,如“击昏对手,实施抢劫”。另一个学生尽管智商很高,却只提出了 2 个普通想法："建筑"、"投掷"。格拉德威尔问道："你认为哪个学生更适于从事能够赢得诺贝尔奖的创造性工作?"

讽刺的是,女性越想在定量的领域取得成功,遇到的精神障碍就会越大,原因有好几个。对那些在意自己的数学能力和测试表现的女性来说,刻板印象的影响最大。因此,与不重视数学的女性相比,她们失败的可能性更大。[21]另外,工作越困难、越不寻常,人们的表现越容易因为工作记忆被占用而受到影响,他们也越有可能采取保守策略。[22]还有一个问题是,随着职位晋升,思维缜密的女性数量将远小于男性。截至 2001 年,美国取得数学学士学位的人中女生约占一半,而到博士阶段则仅占 29％,在事业的阶梯上,位置越高,女性越少。这在很多方面使问题愈加严重。她们会更明显地意识到自己是女人,这本身就会触发刻板印象威胁。甚至有研究表明,如果数学测试时只有一个女生,那么考场中的男生越多,她的成绩越低。而且,置身于男生之间,她自己也会不情愿地承认,女性的数学能力天生比男性差;而认同这个刻板印象的女生,似乎格外容易受到刻板印象威胁。

即使并不认同这种刻板印象,"数学等于男人"这个观点在她们心中也已经根深蒂固了。更让人意外的是,对数学和男人的内隐联想最强烈的,恰恰是做数学研究的女人。密歇根大学的艾米·基弗（Amy Kiefer）和丹尼斯·萨卡魁布特瓦（Denise Sekaquaptewa)利用上文提到过的内隐联想测试,研究了女大学生对男性和数学的内隐联想强度。总体而言,女生把计算、估算和数

学等词汇与男性词汇配对的速度快于与女性词汇配对的速度。有
趣的是,女生近期学习的数学课程越难,她就越容易把数学和男性
关联起来。研究人员认为这是因为课程难度越大,选修的男性越
多,就会越加强女性对这种关联的印象。不幸的是,这种内隐联想
比较强的女性似乎会一直被影响。而这种联想较弱的学生,在数
学测试难度较大、但呈现方式不具威胁性时,常常会表现优异。但
对这种联想强的女性,即使刻板印象威胁消除了也无济于事。研
究者认为,这是因为刻板印象太根深蒂固了。

擅长数学的女人随着职位的晋升,也**逐步失去了对抗刻板印
象威胁的有效保护——可仰慕的女性榜样。**这种榜样如果和自己
类似,可以提升人的自我评价、抱负和表现,而且相似度越高,效果
越明显。[23]研究发现,在数学领域表现出色的女人——无论是真实
存在的还是象征性的——能够减弱刻板印象威胁,这和上述理论
一致。当然,女人地位越高,在当代或历史中就越难找到与自己相
似的且更为成功的女人。

最后,一些有趣的研究表明,对那些奋力在职业阶梯上攀爬的
女人来说,负面刻板印象可能危害更大。一些研究者推测,不管男
女,追求、保持地位的驱动力都和较高的睾酮水平有关。罗伯特·
约瑟夫斯(Robert Josephs)等人一直在研究,在合适这种高睾酮者
(与同性别的人相比偏高)的驱动力的环境中,他们会处于最佳的
认知状态。相反,地位降低或受到威胁,他们会陷入失谐状态,认
知能力也会受到影响。这一观点立足的基本理论是,虽然高睾酮

者会因为失去地位而产生认知、情绪和生理反应，但是如果地位能够靠拳头重新获取，那就没什么问题，如果地位得靠在棋盘上驰骋、在法庭上雄辩或是在《自然》杂志上发表论文才能获取，那么那些反应就更没什么用了。

约瑟夫斯的团队发现，在实验中，如果把高睾酮者放在较低的地位时，在 GRE 的分析与数量部分、心理旋转等认知能力测试中，他们会表现不好。相反，如果环境中有提升地位的机会，高睾酮者就处于有利地位。约瑟夫斯等人发现，男被试们，不管睾酮水平高低，如果他们知道测试是要评估数学能力是不是很弱，他们就会表现得差不多。但如果说测试是为了寻找有特殊才能的人，高睾酮男性就会努力应对挑战来提高成绩，分数也会超过低睾酮者和参加"低水平"数学考试的高睾酮者。

想想睾酮水平较高的女人，虽然听起来很奇怪，但要记住，研究者测量的是唾液中的睾酮含量，不是直接作用于大脑的睾酮水平。其他因素也很重要，如大脑中该激素的受体的数量、这些受体的敏感度、血液中结合型激素与游离型激素的比值（只有游离型激素分子才能与受体结合）。[24] 甚至有观点认为，从神经学的角度看，女性对睾酮及其水平变化更为敏感。新英格兰大学神经生物学家莱斯利·罗杰斯（Lesley Rogers）指出："这些复杂的情况提出了一个新的问题，即我们怎么测量某种性激素的有效浓度。"

在各种情况下，睾酮水平与个人地位的相互作用，以及它对认知能力的影响，似乎男女差不多。但性别刻板印象给这个复杂的问题又增加了一个维度。约瑟夫斯等人指出："通过两个或更多群体的层级秩序就可以看出，刻板印象就是控制权或者地位高低的本质表现。"如果强调女生数学不好的刻板印象，那么女生在考试时就要面临额外的困难——证实自己在计算领域中的地位。约瑟夫斯等人预测，因为高睾酮女性更关注自己的地位，所以她们很容易受到刻板印象的威胁，而且这些威胁对低水平者没有影响，这与预测一致。

对实验室之外的现实世界来说，这又预示着什么？这预示着，那些天资聪明、睾酮水平较高的男性，会奋起迎接提升地位的机会。但同样的条件对极具天赋的高睾酮女性来说，意义就大不一样。这会影响她的认知能力，就像是穿着高跟鞋向后跳。

想象一下，我们"啪"的一声反转了两性在数学及相关学科的刻板形象，使人们脑中充斥着女性天生擅长数学的想法，我们的下一代也在这个颠倒的环境中长大。现在，男人们的自信会受到打击，工作记忆被占用，采取的策略保守而吹毛求疵，他们企图寻找同类里的榜样，却只是徒劳。研究人员发现受到刻板印象威胁的是教室里的男生，而不是女生。[25]现在，女人能够轻而易举地专注于工作，所谓的优势使她们行事大胆而富有创造力，她们只需瞥一眼办公室的走廊、看看会议发言的名单或是翻翻历史书，就能找到与之产生共鸣的成功案例。我们必须问问自己，然后会怎样？男性还能保持"天生"的优越感吗？我们会迅速达到某种平等状态吗？

或者,在未来几十年中,刻板印象威胁这只无形的手会维持这种新状态吗?

这一假想实验并不是要否认很多因素以种种复杂的方式造成了科学领域性别不平等的现状,而主要是再次提醒我们,我们做任何事——不管是学数学、下国际象棋、照顾孩子还是开车——头脑对周围的社会环境都十分敏感。社会心理学家布里安·诺塞克等人最近从世界各地收集了 50 多万个性别科学内隐联想测试的结果,该测试评估了与"女性—理科/男性—文科"这一配对模式相比,将男性词汇与理科词汇、女性词汇与文科词汇配对的容易程度。他们将这一结果与 2003 年国际数学与科学教育成就趋势调查(Trends in International Mathematics and Science Study)的数据进行比较,后者旨在评价 34 个国家 8 年级学生的数学和科学成绩。研究表明了显性刻板印象的影响,此外更引人注意的是,他们发现不同国家中,人们对男性与理科、女性与文科的内隐联想越强烈,8 年级男生在科学和数学方面的优势就越大。值得一提的是,有些国家女生的成绩比男生好。研究人员指出,"社会现实塑造了人们的思维",他们认为隐性的性别刻板印象和科学、数学成绩的性别差异可能会"彼此强化",两者互相充实。[26]

而流行观念是要滋养内心还是阻塞心智,似乎都不受大脑影响了。我们将在下一节看到,关于"谁属于哪儿"的社会暗示,能轻而易举地从环境转移到人的头脑中。

剑桥大学心理学家梅利莎·海因斯(Melissa Hines)在其著作《大脑性别》(*Brain Gender*)一书的开篇,简要讲述了自己 1969 年成为普林斯顿大学第一届女学生的经历。她被学校安排到所谓的"两人间",她说导师"开始几个星期总是称呼我海因斯先生,显然他没意识到我不是男性"。如今已是麻省理工学院哲学教授的萨莉·哈斯兰格(Sally Haslanger),也曾被人弄错了性别。她的结业考试成绩为优,"好玩的是,大家都说我应该做一个血液测试确定我是否真是女人"。

剑桥大学古希腊和古罗马文学教授玛丽·比尔德(Mary Beard)回忆 20 世纪 70 年代上大学的时候,罗马碑铭课的老师会向"聪明的男生提出有难度的问题,给愚蠢的女生提些简单的问题",不过至少还向"女生"提问。后来成为科罗拉多州最高法院首席法官的玛丽·马拉基(Mary Mullarkey),是哈佛法学院 1965 年招收的少数几个女生之一。尽管那时招收女生已有 15 年之久,但她说,当时这一改变在很多人看来仍像一个"新伤口"。马拉基和朋友帕梅拉·(比尔吉)·明泽[Pamela (Burgy) Minzer](打算进入新墨西哥州最高法院)在财产法课堂上等待老师的提问,却总是希望落空。教授认为,让女生回答法律问题这种事仅限于发生在"妇女节"。这一天终于来了,当天讨论的话题是"彩礼"。

卡斯纳(教授)探过身问我:"马拉基小姐,假设你订婚了——不过我注意到你还没有,"他笑了几声——"如果你悔婚，你必须退还戒指吗？"这是为时整整一年的财产法课上，我被问到的唯一一个问题。

马拉基和比尔吉发现，哈佛法学院的学位证书对男生而言是通往职场的入场券，但对她们来说却并非如此。虽然 1964 年通过的联邦民权法禁止就业性别歧视，但奇怪的是，法律事务所似乎并不知道这个规定。马拉基回忆道："律师事务所的招聘人员常常当面告诉女性求职者，尽管他很愿意雇佣她，但他的高级合伙人或客户永远都不会同意聘用女律师。"

这些才华横溢、胸怀大志的女性，无须专门的社会学训练，就能读懂这些不加掩饰的信息——你不属于这里。我们总以为在西方工业化国家，这种公开的性别歧视早已成为历史。例如，《性别谬论》（*Sexual Paradox*）的作者苏珊·平克写道，女性面临的障碍已被"移除"。她书中记述的女性，被问到有没有因为是女人而受到不好的待遇时，都会挠挠脑袋、努力回忆，却想不起什么事能说明自己曾因为这种对女人的不公而挣扎过。我们会在后面的章节中看到，对女性的公开歧视并不只存在于历史书中。但在这一部分，我们将分析微妙而令人恼火信息"你不属于这里"在人内心深处掀起的波澜。

上一节提到，身处传统的男性领域的女人们，不得不应对刻板印象威胁造成的让人不舒服的环境，继而心生焦虑、耗尽工作记忆、降低自我期望、产生挫败感。解决方法有，虽然很激进。克劳德·斯蒂尔(Claude Steele)评论道，"别待在数学课上了，到教学楼另一边去上英语课，就能显著减轻刻板印象威胁"。刻板印象威胁不仅会影响人的表现，还会使人对两性共同参与的活动失去兴趣。

斯坦福大学的玛丽·墨菲(Mary Murphy)等人给出了有力的证据。他们播放了一段为"斯坦福大学考虑于明年夏季举办的高等数学、科学和工程专业领袖会议"制作的宣传视频，要求这些专业的学生进行评价。研究人员借观测视频引发的生理反应之名，记录了被试的心率和皮肤电传导率，来评估她们的唤醒水平(arousal)。观看视频后，学生还要回答觉得自己够不够资格，有多大兴趣参加这样的会议。

视频有两个版本，很相似，参与人员都是150人左右。但一个版本中的男女比例与这些专业的真实比例相近，约为3：1。另一个版本中，男女人数相同。观看男女人数相同的视频的女生，生理反应、对会议的兴趣、对自己参与资格的评定与男生相似。但观看性别比例失衡的真实版本的女生，反应就大不一样。她们的唤醒水平更高——这表示她们产生了生理戒备(physiological vigilance)。在这种情况下，她们对会议的兴趣降低。有趣的是，男生也是如此——但人们不由地会认为两者原因不同。观看男女人数相同版本的被试，无论男女，都认为自己有资格参加会议，但观看另一版本的女生认同比例却非常低。在男性占主导地位的真实情况下，她们不再确定自己有此资格。

对这些领域的女性而言，男性占多数正是生活中的事实——

她们像视频中的女性一样,时刻处于刻板印象威胁之下。开始,也许我们很难明白,一个描绘女人因为治疗粉刺的新产品而从床上一跃而起的广告,为什么会成为女人进入传统男性领域的精神桎梏。尽管女人为外貌焦虑或是为一种巧克力蛋糕粉而欣喜若狂的形象,与数学能力没有直接关系,但它会使性别刻板印象更为广泛。保罗·戴维斯(Paul Davies)等人向努力学数学的人展示了这种广告,也展示了一些中性的广告,然后要求他们参加类似于 GRE 的包含数学和语言类问题的测试。男人和观看中性广告的女人,都努力完成更多数学题,而不是语言题。但观看了带有性别偏见广告的女人则相反,她们尽可能地避免解答数学题。她们的职业理想也受到影响,偏好从要求较强数学能力的工作(如工程师、数学家、计算机行业、物理等)转向倚重语言能力的工作(如作家、语言学家和记者)。戴维斯等人发现,表现女性愚笨这一刻板印象的广告还会降低女性对成为领导者的兴趣。男女大学生都对领导团队感兴趣,但看过有性别刻板印象广告的女生除外,她们更倾向于选择非领导类角色。

企业界的主角也是男性,要想取得成功,必须意志坚定、果敢、有进取心、敢于冒险,这些品质无疑更具有男性气息。因此,这也是女人常常觉得没有职业归属感的原因。研究人员让商学院女生阅读了两篇虚假的新闻报道,一篇写企业家应具有创造力、知识渊博、稳重、慷慨,而且男性和女性均具备这些品质;另一篇则认为典型的企业家形象是积极进取、敢于冒险、独立自主,这些无疑都能在男性的刻板印象中找到。随后,他们询问女生对创立小规模或高增长的公司感不感兴趣。对于那些在主动性测试(评估"积极主动,能发现机会、立即行动、持之以恒,直至实现目标"的倾向)中得分较低的女生,阅读不同的文章对她们没有任何影响。但主动性较高的女生呢?你可能已经预见,这些富有进取心的女生对创业十分感兴趣,但在读过企业家等同于男性的新闻报道后,兴趣就明显降低了。

对男性主导的行业失去兴趣的心理过程是怎样的?就像前文所说,这可能是因为女性的刻板印象突出时,她们会将这些特点融入当前的自我认识,然后她们可能会难以想象自己成为机械工程师等角色。相信一个人将会融入、属于某一领域的信念,也许比我们想的要重要得多。也许这还有助于解释,为什么某些传统的男性主导工作领域,现在女性也更容易进入了。毕竟,兽医的感觉跟整形外科医师或计算机学家还是不一样的,跟建筑师或律师也不一样。这些不同的刻板印象可能在一定程度上更容易与女性身份相调和。比如,提到计算机学家,你首先想到的是什么?当然是男人,但不是随便一种男人。你应该不会想起那种派对上的风云人物。你想到的是,他穿过一堆饮料罐、快餐盒和技术类杂志,走到沙发边,开始重温看过几百遍的《星际迷航》(Star Trek)。你想到的是,他苍白的脸色表明身体极度缺乏维生素 D。简而言之,极客(geek)❶。

华盛顿大学心理学家萨普纳·谢里扬(Sapna Cheryan)对极客形象是否会阻碍女性进入计算机领域十分感兴趣。她和同事调查了本科生对计算机专业的兴趣，发现女生兴趣较小，考虑到该领域由男性主导，这一结果并不意外。但她们为什么不感兴趣就不太容易解释了。女生觉得自己与计算机专业学生的典型形象不符，这影响到学生在这一专业中的归属感——女生比例依然较低——所以说是因为感到自己不适合学习计算机，女生才对这一专业不感兴趣。

然而，喜欢《星际迷航》、不善社交与计算机编程能力三者的关系，其实很值得怀疑。事实上，早期计算机编程工作主要由女性完成，人们认为女性的天赋十分适合这项工作。在 1967 年出版的《计算机编程就业指导》中，一位作者写道："编程需要耐心、恒心、关注细节，这些正是女生的特点。"女性为计算机科学的发展作出了重要贡献，一位专家指出："软件业今天的成绩都是建立在早期女程序员的工作之上。"谢里扬说："直到 20 世纪 80 年代，比尔·盖茨、史蒂夫·乔布斯等计算机领域的英雄人物才登场，'极客'一词开始被用于形容技术型人才。那个时代上映的《菜鸟大反攻》(*Revenge of the Nerds*)和《天才作反》(*Real Genius*)等影片使'计

---

❶ 极客，美国俚语 geek 的音译，随着互联网文化的兴起，被用于形容不善社交、对计算机和网络技术有狂热兴趣并投入大量时间钻研的人。

算机极客'的形象在大众的文化意识中逐渐定型。"

如果极客的刻板印象阻碍了女性，那么重新包装一下这个领域也许能吸引更多女性。谢里扬等人验证了这一观点。他们招募本科生参与"职业发展中心关于对技术性工作和实习的兴趣的研究"。学生在问卷里要填写对计算机科学的兴趣，地点是威廉·盖茨大楼（William Gates Building，你或许能猜到，这正是计算机系的所在地）中的一个小教室。不过为了这些不知情的参与者，教室也进行了两种特别布置。一种我们称之为极客风格，有《星际迷航》的海报、极客漫画、游戏机、快餐食品、电子设备、技术类图书和杂志。另一种布局则不那么极客，有艺术类海报，水瓶代替了快餐食品，迎合大众趣味的杂志，计算机图书也是针对初学者水平。在极客风格的房间中，男生比女生对计算机科学更感兴趣。但要是把极客因素移除，女生就会表现出同样的兴趣——归属感增强导致了这个积极变化。谢里扬等人只是改变了装修风格，就提高了女性加入假想的网络设计公司的兴趣。研究者注意到，"关于一个人应不应该进入某个领域，环境的力量不可小觑"，他们认为改变计算机科学的环境"能够让对计算机完全没兴趣或者兴趣很小的人重燃好奇"。

也许你觉得这是个不错的主意，只是专注、不合群的个性总是与计算机领域的天赋相伴而生。然而，发展心理学家伊丽莎白·斯佩基（Elizabeth Spelke）和阿里尔·格雷斯（Ariel Grace）指出："从业者的典型特征常被人误会成这一职业的必备品质。"他们在历史中找到例证。20世纪初一位心理学家认为,他天资聪明的犹太学生难以在学术领域有所建树,因为他们不具备在学术界占多数的基督教研究人员的特点。他"错误地以为那些毕业于哈佛的同事的典型举止,是取得学术成就的必备条件"。

卡内基梅隆大学(Carnegie Mellon University)计算机系有一个有趣的实验,证实了斯佩基和格雷斯的观点,即要在计算机领域成功,那些所谓的"极客"特征可能无关紧要。20世纪90年代中后期,研究人员对卡内基梅隆大学计算机系的男生和(极少数)女生进行了深入调查,发现男生普遍专注于编程——甚至"梦都用代码写成";而为数不多的女生却对计算机应用更感兴趣。20世纪90年代末,录取标准发生变化,取消了编程经验这一不必要也不公平的规定。[27]这使女生人数增长了4倍,比例由7%上升到34%。勒诺·勃鲁姆(Lenore Blum)和卡罗尔·弗里兹(Carol Frieze)抓住这一时机调查了1998年入学的学生。在2002年进行调查时,这些学生很是特别,因为他们是最后一届旧标准下的学生——以爱好技术为标准。现在院系中的学生早已是类型各异。勃鲁姆和弗里兹发现男女生对编程、应用两个领域感兴趣的比例已十分相近,而不是差异显著。"几乎所有学生都把编程作为自己的爱好之一,而视计算机为工具,用来完成他们最关心的部分——应用。"同时,有证据表明"学生正在打造新形象",而"单单专注计算机的学生"已不再是典型了。

　　　　这个群体中,有人拉小提琴、写小说;有人在摇滚乐队唱歌,参加校体育队;还有人喜欢艺术,他们参加各种各样的校园组织。我们发现,无论是男生还是女生,都追求全面发展,既对学术感兴趣,也享受计算机之外的生活。学生的自我评价是"独立、富有创造力、全面发展、有趣""非常聪明,发展平衡,不同于传统极客""比五六年前的人兴趣更广泛"。

　　考虑到他们是由旧标准选出的,那么他们应该是程序迷。但正如研究人员所说,几年来两性比例趋于平衡,这种环境"塑造了他们的自我形象。或许,我们也可以认为,这种新的文化使他们'能够'开发其极客之外的一面"。

　　如果极客的形象成为这个行业的(不必要的)门槛时,女人和计算机就都是失败者。心理学家凯瑟琳·古德等人最近的研究表明,**"归属感"对女性打不打算继续学习数学也有影响。**古德等发现,如果环境传达的信息是数学能力已经是板上钉钉的天赋,不是努力学习就能提高的,尤其是再加上女人天生就不如男人有天赋这一点,这会严重损害这种归属感。哲学家萨莉·哈斯兰格认为,直到今天,女性(以及少数民族)哲学家依然面临着一大困难,即"在哲学领域,很难找到一个对女性和少数民族没有敌意的分支,至少它们都会假定成功的哲学家行为举止必须像一个(传统的白种)男人"。

　　但选择职业并不仅仅是在社会中找到一个舒适的位置,还需要与自己的才能相适应。自己更可能成功的工作,当然会更吸引人。如果性别刻板印象能够影响人们对自我能力的认识(我们现在知道确实如此),那么当然不难发现它还会对职业选择产生连锁反应。社会学家谢莉·科雷尔(Shelley Correll)指出,在评估自己的偏阳刚的能力时,男女差异会有很大的影响。你大概可以猜到,这又会左右人们对看重这些能力的职业的兴趣。科雷尔研究了1998年国民教育纵向调查中数万名高中生的数据,仔细比对了学生的实际成绩和他们对数学、语言能力的自我评价。她发现,在实际水平相当的情况下,男生对自己数学能力的打分比女生高,这也许是因为社会普遍认为男生更擅长数学。男生一般都会美化自己,但他们并没有高估自己的语言能力。事实证明,**选择职业时,自我评价很是重要**。在能力(通过考试成绩评定)相同的情况下,对自己的数学水平评价越高的人,就越有可能向科学、数学或工程领域发展。科雷尔总结道:"继续进行数学研究的男生比例高于女生,**这并不是因为他们擅长数学。部分原因在于,他们认为自己擅长。**"这也足以解释选修微积分课程的男女生人数的差异。

随后,科雷尔做了个测试,展示了在男性领域,让女生失去自信和兴趣是多么容易——创造一种性别刻板印象就好了。在这个对比敏感度测试中,参与者要判断在一系列矩形中黑白两种色斑哪一种覆盖的面积更大。被试均为康奈尔大学的新生,她告诉学生,"对比敏感度测试由国立测试机构开发,研究所及财富500强企业都有兴趣用它来选拔员工"(其实测试本来就是假的,黑白色斑大小一致,所以并没有正确答案)。部分学生得到的信息是,男生的测试成绩普遍较好,另一部分学生则被告知结果不存在性别差异。

学生们得到的反馈相同,但他们怎样解读自己的分数,则取决于前面的背景了。要是他们觉得这种敏感度和性别没关系的话,他们的自我评价也很相似。要是他们觉得某种性别是有优势的话,结果就大不一样了。男生会对自己的对比敏感度评价较高,也认为自己在测试中表现更优异。他们在评价自己的表现时,也设置了更宽松的标准。随后,科雷尔想研究,是不是像现实表现得那样,自我评价高的话,能激发更远大的志向？她发现确实如此。所有男生都认为自己的对比敏感度较高时,他们就比女生更愿意参加一些要求这项能力的课程或研讨会,申请注重这个能力的研究生项目或高薪职位。我们喜欢(自认为)擅长的领域。

尽管受到刻板印象威胁或是缺乏归属感,一些女性还是坚守在数学等男性主导的领域。幸运的是,除了放弃数学,她们还有一个选择——那就是放弃女性身份。

艾米丽·普罗宁(Emily Pronin)等对斯坦福大学一些本科女生进行了调查,她们选修的数量类课程均超过 10 门,结果表明相比于其他女生,她们认为化妆、情绪化、生育孩子等所谓与数学格格不入的行为既不重要也不适合自己。随后,研究人员进一步证明,那些喜欢涂唇膏、想象着将来养育孩子的女性并不是天生不喜欢数学。相反,是那些希望在这些领域有所建树的女生,为了迎合

"**数学不是给女人玩的**"这个暗示而抛弃了这些爱好。研究人员还在斯坦福大学招募了一组本科女生，数学能力对她们来说都非常重要。他们让半数女生阅读了一篇编造的关于成熟和语言能力的学术文章。其他人阅读的则是《科学》杂志上一篇关于性别和数学的论文的缩略版。该论文涉及近万名7、8年级成绩优异的学生在学习能力测试中的数学成绩。男生成绩普遍比女生高，因此文章称"**男生的数学推理能力明显优于女生**"，并断言这一优势反映出男生天生拥有较好的空间能力。

女生们肯定会觉得这篇文章有点威胁意味，想要努力反驳这个研究结果和结论。但这还是对她们产生了影响。阅读没有威胁性文章的女生，认为自己同时具备和数学类职业相关和不相关的女性特质；但读过《科学》杂志上关于数学和性别的文章的女生，则认为自己并没有那些不利于在数学领域发展的女性特质。**为了在男人河里行船，她们决然抛弃了自己的部分特性。如果刚好是自我中最珍贵的部分也得抛弃的话，那么最终，女人们会弃船而去。**

在男人居多的行业，同事的行为有时也会让女人们为难：怎样才能同时保持其性别与工作身份？工作与生活政策中心（Center for Work-Life Policy）最近发布的雅典娜因子（Athena Factor）报告称，公司工程技术类岗位的女性中，约有1/4觉得同事们认为女性天生缺乏科学才能。"我的观点和论证总会受到质疑——'你确定吗？'"一个参与调研的人抱怨道，"但男人的话却被视为真理。"雅典娜报告的调查对象讲述了一个又一个故事，主题却都相同：女工程师被男同事当成行政助理，女专家被误认为房间中的菜鸟，在会议室看到女性时人们总是一愣。一位女性高级工程师在博客中对雅典娜报告作出回应："很多客户都以为我在会议上只是为男同事做笔记的……有些人还觉得这种技术讨论会让我一头雾水，并因此向我道歉。"不难发现，类似这样的观点和假定不仅让人反感，还会斩断女人的归属感。

艾米丽·普罗宁等人发现，想从事数学工作的女性赫然抛弃了她们觉得是缺点的女性特质，雅典娜报告也描述了坚持在高等数学、工程和技术领域的女人们焦虑不安的心理变化。在感到自己低人一等、没有归属感的环境中，最容易的解决方法就是尽量变得不女人。研究人员指出，最外在的方面，比如化妆、首饰和裙子——吸引人注意的女性符号——不再明显。她们还有一种仇女态度，贬低其他女人过于情绪化。如果一个项目里女人人数较多，或者由女人主导的工作聚会，她们就会"不屑一顾"。一位女工程师解释了她避免参加女性工作集会的原因："显然这里没有什么重要的事情；在这个公司中男人掌权。"报告引用了一位女性的话，概括了作为一个女人在男性主导的高等数学、工程和技术领域中格格不入的糟糕状态——她说自己越来越觉得"做一个女人让我不舒服"。

在男性主导的行业里，女人天生缺乏成功的才能，这一说法越来越没有说服力，另一种观点却方兴未艾——女人只是对这些职业不感兴趣。[28] 但我们在这一节看到，兴趣也不是跟外部影响绝缘的,至少对多数研究的样本而言是这样的。**你可以轻易改变一个职业对男女的吸引力,只需说一句"Y 染色体让你很有优势",或是把房间里的装修风格换一换,就能惊人地改变职业兴趣。**看过实验室里一个简单的小伎俩对职业兴趣的影响,人们不禁会想,日积月累,"生活"这个躲不开的巨型社会心理学实验室又会有怎样的影响?

职场中的性别不平等、带有性别偏见的广告、知名大学校长的观点,更不用说我们即将了解到的"关于大脑的种种真相"——这些都会与我们的思维相互作用,甚至塑造我们的思维。

另外,生活中很多人像我们一样,对性别有各种各样的显性和隐性的态度。在本章最后几节中我们将看到,他们尚未定型的思维和行为模式使两性的竞技场发生倾斜,而这依然是这个不断变化的世界的重要组成部分。

在《匿名科学家》(*Scientists Anonymous*)一书中,帕特丽夏·法拉(Patricia Fara)讲述了 18、19 世纪之交,植物学家珍妮·巴雷(Jeanne Baret)和数学家索菲·杰曼(Sophie Germain)不得不扮成男人进行研究。如今,女生物学家已不需要再像巴雷一样女扮男装去野外考察,女数学家也不用像杰曼一样,顶着一个男人身份通过信件完成学习。不过有证据表明,甚至对今天的职业女性而言,变成男性依然是一种明智之举。像这样的变性人——准确地说,女变男的人——都称这给她们的工作带来很多方便。

　　斯坦福大学神经生物学教授本·巴雷斯(Ben Barres)就是一位真实的变性人。他在《自然》杂志上撰文回忆说:"我刚刚变性不久,有人听到一位老师说'本·巴雷斯今天的研讨课不错,他的研究比他姐姐强多了'。"最近一项针对 29 位变性人的访谈式研究发现了很多相似的经历。休斯顿莱斯大学(Houston's Rice University)研究人员科尔斯顿·希尔特(Kirsten Schilt)询问了他们由女性变为男性前后的工作经历。其研究表明,很多人立刻享受到更多的认可与尊重。托马斯是一位律师,他说自己的同事曾称赞老板解雇不称职的苏珊是明智之举,还补充说"那个新来的家伙(托马斯)挺讨人喜欢的"——显然他没有意识到,托马斯和苏珊是同一个人。在零售业工作的罗杰说,自己变成男人后,人们常常无视他的女老板,径直走到他面前希望他来解决问题。保罗变性后依然从事中等教育工作,他发现自己常常被请去参加会议,论述自己新提出的重要观点。几个蓝领工人则觉得变性后工作变得容易多了。

巴雷斯客观地评价说,轶事不等同于科学数据。但这些拥有不同性别经历的人的见解,确实使我们注意到,在工作中,如果你是男人的话,你的能力可能更容易得到认可。实验法研究也得出了同样的结论。

首先,基于实验的研究表明,即使一个男人和一个女人自身条件完全相同,男人的个人条件、才能和成就更容易凸显,而且与传统女性工作之外的职位更为契合。比如,在最近一个实验中,研究者虚构了两个人,卡伦❶·米勒(Kdren Miller)博士和布赖恩❷·米勒(Brian Miller)博士,同时申请一个大学终身制职位,然后请100多位大学心理学家为他们的简历评分。两份简历除了名字不同,其他部分一模一样。奇怪的是,男女心理学家都认为男米勒博士的研究能力、教学水平和工作经验都比"不幸"的女米勒博士要好。总的来说,约3/4的心理学家认为可以雇佣布赖恩博士,但只有不到一半的人对卡伦博士有信心。研究人员另外也发了两份申请终身教授的简历,唯一差别也只是性别。这一次的简历十分优秀,评委认为两人都应该获得这个终身职位。不过,卡伦的申请虽然被认可,评委在她的调查表空白处潦草写下的谨慎附言却是男申请者的4倍,比如"我需要核实她是不是独立获得拨款、发表文

---

❶ 女子教名。
❷ 男子教名。

章""我们需要看她的求职演讲"。

综合分析这些暂被称为"纸人"(在实验室中接受评估的申请虚构工作的人)找到工作的可能性,可以发现在传统的男性工作中,男性得到的评价确实会高于能力相当的女性(如果是秘书、家政学老师等传统的女性职业,那么被试会对虚构的男性申请者持有偏见)。[29]如果女性想在秘书、教师、卫生行业等"粉红区"(pink ghettos)之外找工作会遇到什么问题呢? 一种可能是公众对女性的刻板印象和高要求的职业形象"不匹配"。这一领域的主要研究者、纽约大学的玛德琳·海尔曼(Madeline Heilman)解释说:

> 要想理解刻板印象怎样阻碍女性晋升,很重要的一点就是,要意识到管理层的高层职位的性别定位是"男性"。人们通常认为,这些职位需要在事业上极端进取,在情感上态度强硬,这无疑是男性的特点,而且与女性刻板印象和女人该有的传统行为准则相反。

换言之,刻板印象中的描述性(女性非常温柔)和指令性(女性应该非常温柔)因素都给渴望成功的女性造成困难。虽然并不想有偏向,但是一旦我们将他人归类为男性或女性,刻板印象就会给我们戴上有色眼镜。如果某个职位的要求包含典型的男性特征,就会对女性不利;反之亦然。在一个经典实验中,莫尼卡·比耶纳(Monica Biernat)和黛安·科布伦诺维兹(Diane Kobrynowicz)给本科生发放了一个职位描述和一份简历。每个被试得到的职位描述几乎完全相同,只是名称有所差异:行政秘书或行政主管。人们自然会认为后者更加男性化,级别和薪水更高。所有简历也相同,只是部分被试看到的名字是肯尼思❶·安德森(Kenneth Anderson),其他被试看到的则是凯瑟琳❷·安德森(Katherine Anderson)。这一调查表明,被试更偏向于信任女性秘书和男性主管。[30]

"不匹配"这点在妈妈们身上表现得更突出。社会学家谢莉·科雷尔等人以刚刚起步的通讯公司招聘市场部主管为情境进行实验,发现如果应聘者是一位妈妈,她的能力得分比简历相同的其他女性低 10％,工作专注度得分低 15％,薪水则少 11000 美元。另外,只有 47％的被试推荐雇佣妈妈申请者,推荐另一位候选人的比例则为 84％。[31]人们认为假想中的孩子会使申请者牺牲自己的事业。在随后的 18 个月中,科雷尔等人根据报纸上发布的营销和商业类招聘广告寄出 1276 份虚构的简历和求职信。他们给每个招聘方都寄去两份资历一样的申请。两人性别相同(有时都是男性,有时都是女性),不过有一个已为人父母(两人拥有父母身份的比例相同)。然后研究人员不再干预,只是观察哪位应聘者从潜在雇主那里得到了更多的复试通知。爸爸的身份没有对男性产生任何

---

❶ 男子教名。

❷ 女子教名。

负面影响,但有证据表明,"妈妈这一身份带来的劣势"十分显著。身为妈妈的应聘者得到的复试通知只有另一位不是妈妈的应聘者的一半。目前,这一研究还在继续,意在调查现在妈妈们受到的歧视是否最为严重。

我们对他人的观感虽然会被刻板印象扭曲掉,但还不能让我们直接无视那些自信、独立、有抱负的女人,以为她们不能成为领导者。不过,这种情况下,刻板印象中的指令性因素又会困扰女性了。

> 除了内心优雅、献身于分内职责的温柔女性,再没有什么美德能让我们产生更深的敬意;也没有什么人性之恶,比那些忘记本性、叫嚣着谋求男人的职位和权利的女人更让人厌恶的了。

上文出自数学教授、律师、政治作家 A. T. 布莱索(A. T. Bledsoe)之手,时间是 1856 年,但到了现在,我们仍然会因为女性掌权而不舒服——不管你自己有没有意识到。一旦女性表现出充满自信、享受权力的一面,她们就有可能被说成"能干但冷酷":悍妇、冷若冰霜、铁娘子、母老虎、战斧、母夜叉……不胜枚举。这就足以说明问题了。坦率地说,我们不希望看到女人不断晋升、掌控一切。实验表明,想要影响他人的女性会遭到强烈反对:人们会认为她们缺乏社交能力,工作水平比不上为人处世方式与她们相似的男性，于是推荐录用后者。但是，如果她们没有展现出自信、进取心和竞争力，又会因为刻板印象的关系，被说成正好缺乏这些重要品质。所以，能干而冷酷，友善而无能，你总得选一个。[32]这"第22条军规"将想要担任领导角色的女性置于"印象管理的钢丝绳"之上。[33] 2006 年 2 月，共和党全国委员会主席称希拉里·克林顿太易动怒，所以不能成为总统。正如莫林·多德(Maureen Dowd)在《纽约时报》上所言，"希拉里处境困难：如果她不站出来反对布什总统，人们会认为她就是个懦弱的女人；可如果她真的这么做了，她就变成了泼妇。"维多利亚·布雷斯科(Victoria Brescoll)和埃里克·乌尔曼(Eric Uhlmann)针对女性领导人这种尴尬的处境进行了调查，发现男人表达愤怒能提高自己在别人心目中的地位和能力，要是女人也这样做，就要付出很大的代价。

妈妈的身份则会扰乱原本就十分脆弱的平衡。人们在评价没有孩子的职业女性时，会注意到她的能力；但对一位情况相同的妈妈，就会更多地注意到她的亲切。因此，职场中的妈妈价值会被低估、升职空间较小、培训机会减少，这大概并不让人意外。[34]有人为职场妈妈受到的不公正待遇辩护，说这是"因为她们需要远程办公"，但是，要是没有小孩的女人、男人或者是一位爸爸也远程办公，就没有任何影响了。

罗格斯大学(Rutgers University)心理学家劳里·拉德曼(Laurie Rudman)等人最近发现，职业女性身上最令人反感的，恰恰是帮助她们晋升的表现，如有攻击性、控制性和威胁性的行为。

比如,在一项实验中,学生看到了一位申请晋升的大学老师的推荐信。这位虚构的候选人十分出色,是一位国际知名、才华横溢的作家、文学评论家。除此之外,信中还提及其文学批评的风格是委婉或不留情面的。你或许已经猜到,候选人有时是女性(艾米丽·马伦博士),有时是男性(爱德华·马伦博士)。风格委婉的艾米丽和爱德华均受到好评,得到雇佣的推荐。然而,下笔毫不留情的爱德华得到的评价却远胜于他的女同行。人们不愿雇佣无情的艾米丽,因为她不招人喜欢;而人们不喜欢她,是因为觉得她比其实一模一样的爱德华更有威胁性、控制欲,更加冷酷。

当然,参加实验的学生知道他们微不足道的意见不会对候选人的事业产生任何影响,他们也不用在招聘委员会调查时承认"我只是不喜欢她"。还有一些在实验室进行的研究展示了,男人是怎么样"合情合理"地通过突出自己是个男人,获得了更"阳刚"的工作。比如,你要为一家建筑公司招聘经理,你认为经验和教育程度哪个更重要? 迈克尔·诺顿(Michael Norton)等人虚构了两位优秀的竞争者,其中一位教育程度更高但行业经验较少,另一位则相反。如果不说明应聘者性别(也许大多数人会认为两个人都是男性),76%的本科男生会强烈建议选择教育程度更高的人。在有标注性别的情况下,倾向于高学历的男人而非经验丰富的女人的比例与前面相近,为75%。根据这两点可推出,在公正平等的世界里,教育背景优秀的女人应该比经验丰富的男人更有竞争力。事实并不是如此,只有43%的人会选教育背景优秀的女人。但你明白，这并不是偏见作祟；或者，至少不是有意的。评分之后，参与者需要写下他们作出选择的原因和影响选择的最重要因素。如果是男人有高学历时，参与者会认为教育更重要。性别明显影响到了这个评估结果，但几乎没人会提到这个影响因素。

耶鲁大学做过类似的实验，参与者都是本科生，为了维持自己的选择，他们也使用了诡辩论。学生对警察局长一职的两位申请者（迈克尔和米歇尔）作出评估。其中一人善于处理各种街头状况，个性强硬、敢于冒险，与其他警官打成一片，但教育背景稍逊。相比之下，另一个人受过良好教育，善于应对媒体，重视家庭，但缺乏基层经验，受欢迎程度略低。参与者根据街头经验或教育背景两个不同的标准评价申请者，然后评估两种标准对胜任警察局长一职的重要性。选择迈克尔的人，会夸大他所拥有的良好教育背景、应对媒体技巧、重视家庭等特点的重要性；然而如果这些特点恰是他所缺乏的，他们就会贬低其重要性。但候选人要是换成米歇尔，参与者就不会改变标准来改善她的处境。所以说，不管迈尔克具备实战经验还是教育背景，社会需求都会改成：迈克尔的品质才是警察局长需要的。作者指出，参与者**"可能觉得他们为职位选出了合适的应聘者，可事实上，他们是为这个人选择了合适的招聘标准"**。颇具讽刺意味的是，**那些认为自己最客观公正的人，所持的偏见恰恰最为严重**。不能用一个人对性别的态度，来预测他们的招聘倾向，可以拿来做依据的是，人们觉得自己的决策是不是客观。

这就是职场中无意识的性别歧视。人们不是对应聘的人有偏见——比如说，认为迈克尔就是比米歇尔更为果断——而是"职位要求"被定义成了人们"理想中觉得应聘者需要的特质"。最近，劳里·拉德曼等人证明"标准的转换"会让人们很反对那些想有影响力的女性。参与实验的学生看了计算机实验室管理岗位的面试视频，应聘者分别支持强硬或温和的管理方式。强硬的管理者会说："毫无疑问，我喜欢当老板的感觉，喜欢尽在掌握，喜欢成为拍板的人。"跟其他实验一样，人们认为强硬的男主管比女主管社交能力更高，也更推荐录用他们。但这种歧视却被巧妙地掩盖了：**参与者都认为工作能力比社交技巧更重要——唯一的例外就是，如果评估对象是强硬女主管的时候，人们却更强调社交技巧了**。研究人员指出，这个策略不利于强硬的女性。人们不会考虑她们卓越的工作能力，转而强调社交技巧，但你肯定记得，这一项就被不公正的评判者打了低分。

　　很多——尽管不是全部——基于真实招聘的研究都表明，有点阳刚气的职位还是倾向于招聘男性。但上述实验中，不管是正面还是负面的发现，都不容易解释。实验室研究的好处，就是你可以掌握所有细节，可以确定地指出这就是性别歧视。因为所有的卡伦、凯瑟琳、米歇尔和艾米丽的条件与布赖恩、肯尼思、迈克尔和爱德华完全一样，你不能再为自己的区别对待辩护了。但这种实验也有缺点，就是，由一群大学生来评判一些虚构的纸人。

　　现实生活中，来应聘的都是真实的人，雇主也肯定更有动力

(也更有资质)选出合适的人,同时会对自己的决定更负责——至少有时候如此。这样的情况下,决策就会更明智、公平。但是,并不是毕了业人就会变乐观了,今天的学生就是明天的招聘者,而且在更复杂的决策环境中,招聘标准变量更多,职位越高,候选人的资历差异更大、更难比较,这一问题也更突出。加州大学欧文分校数学教授艾丽斯·西尔弗伯格发现,"人们有种种理由来说明为什么不选择女性应聘者,但从来不会用同样的原因拒绝一个男应聘者",这与上述研究结论一致,值得关注。

即使被雇用了,工作中的女人们也一样受到刻板印象的影响。作为领导人的女人,在"和善而无能"和"能干而冷酷"的跷跷板上如履薄冰。实验表明,她们要求加薪时,别人会反感;她们采取威胁性策略时,别人会反感;她们在男性的领域获得成功时,别人会反感;她们没有奉献爱心时,别人还是会反感——但男人却不会被这样要求。即使她们做了职责外的事情,也不像男人那样更受欢迎。她们提出批评,对方会反唇相讥。甚至她们只是说出自己的观点,对方也会不高兴。洞察力强的读者会注意到一种固定模式,能巩固地位的行为却让她不受欢迎。不难发现,这使得职场晋升对女人来说更具挑战性。虽然不是所有职位都是这种受欢迎程度的较量,但和自己喜欢的人共事或相处是人的本性。海尔曼指出:

有时高级管理层也被称为"俱乐部"。这种俱乐部的成员常常会将那些看起来不合适或令人反感的人绝之门外。简单地说，如果一位女性与男同事能力难分伯仲，但在别人眼中她交际魅力略逊，不太适合进入高级管理层，那么她可能就无法获得应得的奖励和晋升。

这一切意味着，虽然看不太出来，但是女性领导者管理起团队来，每天都困难重重。珍妮特·霍姆斯(Janet Holmes)在其作品中记录、分析了约 2500 个工作场合的交际情境，黛博拉·卡梅伦(Deborah Cameron)对此进行讨论时，描述了跨国公司的一个团队领导者克莱拉采用男性化领导模式的案例。这种模式的特点是坚决、强硬、直接。不得不服从命令的团队成员为此编了个笑话，把她称为克莱拉女王。比如，如果克莱拉说"不"，团队的成员就会说"女王已否"。卡梅伦指出：

如果是一个同样强硬的男人处在克莱拉的位置上，他还会遇到这样的情形吗？下属会给他起绰号"国王"取笑他的"国王"做派吗？也许，正因为她不是男人，她才需要"克莱拉女王"这个诙谐的形象，从而使其强硬做派易于为人接受。像克莱拉一样公开行使权力的女性，还是会让很多人感到厌恶和被威胁。

即使能够顺利走到印象管理的钢丝绳尽头，女性还会遇到玻璃悬崖(glass cliff)。米歇尔·瑞安等人研究了英国 100 强企业董事任命前后的股价走势,发现了一个奇怪的模式。在任命男性进入董事会的前几个月中,公司股票表现相对平稳。但如果股价持续处于低位,任命的将更可能是女性。换句话说,女性总是受命接任"高风险的职位,这使其地位极不稳固"。瑞安等人基于公司真实运营状况的后续研究证实了这一结论。人们会选择什么人来主管股价持续下跌的公司的财务部门、担任注定要失败的案子的首席律师、成为日渐式微的音乐节的青年代表、为没有获胜希望的政治竞选奔波? 学生们和商业领袖为这些风险巨大甚至是毫无希望的职位选择的是——女人。

男人也不是永远的胜利者,不般配的现象也会针对他们。

比如,如果要选一位妇女问题研究的教授,标准(社会活跃度或学术背景)就会转换得更有利于女人。但当男性进入那种不是特别有威望的传统女性行业时,他们常常很快就发现,前面正铺开一条红毯,那头通向丰厚的收入。社会学家克里斯汀·威廉姆斯(Christine Williams)创造了"玻璃扶梯"(glass escalator)一词概括自己的发现——男人成为护士、图书管理员、教师等(现在看来属于)女性角色时,"会在晋升道路上受到无形的推力,就像在移动的扶梯上,你要维持在原处反而要费一番工夫"(最近有研究表明,只有白种男性才有搭乘玻璃扶梯的机会)。她采访的很多男人都说,在这种行业,招聘倾向更偏男性,自己常常被"踢到楼上",进入更阳刚性的领域,比如做管理,这些又恰好是薪水更丰厚、地位更高的职位。有时,想留在自己喜欢的偏女性化的工作上,男人们也很挣扎,他们周围萦绕着强大的"你们应该待在别处"的气场。人们认为,某程度上来说,他们能力对职位来说太高了点,所以得向更合理、更有威望的位置走去。

无意的性别歧视贬低了女性的成就并对她们的交际行为提出了更高的要求,这或许也解释了,为什么在一次又一次调查中,她们总觉得自己的工作比男人的难度更大。社会学家伊丽莎白·戈尔曼(Elizabeth Gorman)和朱莉·克梅奇(Julie Kmec)研究了源自美国和英国的大量数据,发现"即使男性和女性的工作性质、家庭责任和个人能力等诸多指标都十分接近,女人依然认为自己的工作要求高于男人"。一位曾在投资银行工作的女性最近在《观察家报》❶上评论说:"我们知道自己必须比其他人更努力、更出色。晚上七八点钟,交易大厅已空空荡荡,加班的只有女人。我们开玩笑说自己在为交'阴道税'工作。"无意识的偏见也是男女同工不同酬的原因之一。一篇文献综述总结道:"女性薪水低于男性。在对市场特性、工作环境、个体特征、子女、家务时间、实测生产率进行回归分析时,无论取样规模大小,都存在着无法解释的性别差异——毫无经验的工人除外。"有趣的是,人们似乎很小就接受了"男性的工作比女性的更有价值"这一观点。如果给十一二岁的孩子展示他们不了解的行业的从业者工作照,他们会认为男性从事的工作

---

❶ 《观察家报》,英国报纸,于每周周日发行,实际上是周一到周六发行的《卫报》的周日版。

难度更大、收入更高、更为重要。

我们有时会怀有偏见,即使这并非本意。我想,很少有人会觉得,应该以更高、更难、不断变换的标准衡量女性;认为有些行为出现在男性身上可以接受,女性却要为此受到惩罚;或者感到男女同工不同酬非常公平。但当我们不可避免地将某人归为男或女时,性别联想就自动被激活了,并经由文化观点和行为标准的过滤器影响我们。这些是你已经意识不到的性别歧视,社会心理学家和律师对性别歧视这一隐蔽的、无意识的新形式怎么影响职场女性(和非白种人)很感兴趣。毫无疑问,这种新生的微妙的问题影响重大,而且确实阻碍了女性发展,也许职业妈妈们受到的影响尤其严重。但它又难以辨识(因为在真实的职场中没有对照组),因此很难提出质疑。但在下一节我们将看到,性别歧视这个略显温和的新类型并没有取代故意为之的旧形式。如今,两种形式并存。

第三节。————————————————

## 不打高尔夫，只能做家务？

> 让女人的改革运动再持续几代人的时间；让女人寻求"经济独立"、在世上艰难谋生时成为男人的竞争者；让女人在政坛上挑战男人；让争取女人参政权的激进分子吵嚷得更猛烈些；但，更重要的是，让这场为女人争取更大自由、摧毁为人妻为人母之道的女权运动持续到底。那时，女人们会发现，骑士风度已经一去不返，取而代之的是更为粗暴的男性统治，将她们随意安置。

> ——麻省理工学院生物和公共卫生学教授威廉·T. 赛奇威克（William T. Sedgwick，1914）

与其他同时代的人不同（我们将看到，他们悲观地认为，倡导女性投票权会引发社会的疯狂，过多的教育会使女性卵巢萎缩），赛奇威克确实有所预见。这段威胁性的文字给予女性两个选择——胡萝卜或者棍棒。社会心理学家彼得·格里克（Peter Glick）和苏珊·菲斯克（Susan Fiske）则将其分别称为友善的性别偏见和怀有敌意的性别偏见。只要女人还在履行传统的看护职责，就能享受到"完美女性"的刻板印象的荫蔽，因为关爱支持他人、养育子女、为人所需而得到男性的殷勤对待，成为她们不可或缺的一部分。而那些违背传统、追求位高权重的角色的女性，则可能招致怀有敌意的性别歧视，"将其视为权力之争中的对手"。在职场中，这种歧视属有意为之，表现为"隔离、排外、毁谤、骚扰和攻击"，现在依然存在。

需要说明的是，赛奇威克教授可能也没想到，一个世纪之后人们对女人还是抱有这样的敌意。这倒不是因为，100 年过去了，人们已经习惯"工作不能完全被男人占有，也得分享给女人"。不是这样的，只是他预计男人会叫停女权主义者的所有努力，"把女人带回家，告诉她们：'这才是属于你的地方。待在这儿。'"我们也许会觉得这种态度是历史文物了，法学家迈克尔·赛尔米（Michael Selmi）却认为，"女人负责照料家人，男人负责挣钱养家"这一"挥之不去的偏见"，又在职场的性别歧视中重获表达。他说："现实中性别歧视的改变可能并不像我们想象得那么大，我们有理由相信，故意、公然的性别歧视，还是实现职场男女平等的主要障碍。"其依据就是针对就业歧视的集体诉讼案件,特别是 20 世纪 90 年代到 21 世纪初(众所周知,这一时期公平的车轮正在缓慢转向)证券及零售行业的案件。赛尔米说,所有(已结案的)案件的共同主题是,女性无法获得薪水更高、晋升机会更多的职位;而雇主作出这些歧视性的决定,是因为他们没有调查过就认为女员工不喜欢这样的工作。公司常为自己辩护说,女人偏爱那些没有晋升空间的工作,这样她们就能更好地照顾家庭,然而这些本应心满意足的女员工却对他们提出了诉讼。

但赛尔米指出,公司并没有证据证明真实情况也是如此。事实上,特别是从事证券工作的富有进取心的女性,"已成为刻板印象的一种平衡性力量"。那些高层管理者不是没意识到自己的偏见,他们断定这些待遇优厚(讽刺的是,有时工作时间更为灵活)的工作属于男性,却没有给女人机会,让她们自己来比较。赛尔米提到,其他行业的几大巨头也受到同样的反驳。

除刻板印象外,性近友谊(homophily,一种心理倾向,即俗话说的"物以类聚,人以群分")也会阻碍非白种男性的发展。

最近,一项针对离职或在职的华尔街员工的访谈性调查发现,他们觉得,一个以白人男性为主要员工的机构更倾向于同白人男性打交道,这是理所当然的。这意味着,女人和非白人职员不能获得证券行业待遇最好的工作,而是"集中在不需要跟客户打交道,或是其他与客户沟通但薪水较低的职位"。在传统的男性工作领域,排外的男性还会压制女性发展。上文提到的雅典娜因子报告指出，在公司中从事高等数学、工程、技术类工作的女性不能获得晋升所需的那种核心信息。一位硅谷科技行业颇具影响的女士曾使用过一个男性化名，发现"芬恩❶"与"约瑟芬❷"收到的邮件完全不同。芬恩能得到最新消息，约瑟芬收到的却都是"毫无价值"的邮件。报告作者对"一等男技术员"的描述是缺乏社交能力和身为男性的优越感。"一个接受调研的人讲述了最近令人不快的经历。她是团队中唯一的女性，一个男同事向他们走来，与其他人都握了握手，唯独避开了她。'我能感觉到，他有些不安，不知该怎样与我打招呼，'她说，'不过他觉得我无足轻重，所以最后选择对我视而不见。'"这件小事说明，工作场合默许了不尊重女性的态度。与所有成员握手却单单遗漏掉一个人——没有哪个智力正常的成年人，不管社交能力多差——会不知道这有多粗鲁。澳大利亚少数几个整形外科女医生之一凯琳·菲尔丁（Kerin Fielding）讲述的另一位医生的行为同样无礼。她回忆说，培训期间自己经历过很多"激战"，甚至有位医生拒绝与她共事。很多年后，菲尔丁再次与这个人相遇，他傲慢地问她有几个病人，还故意侮辱她说："我估计只有几根脚趾手指吧。"

　　不幸的是，离开办公室，女性依然会遭到排挤。在很多行业中，这种情况甚至愈演愈烈，让人心生沮丧。乍看上去，打一场高

---

❶　男子名。
❷　女子名。

尔夫球和看膝上艳舞似乎毫无共通之处。确实，两个都是娱乐活动，但一个保守、传统，甚至必须穿上菱形格子袜；另一个却是裸体女郎在男人胯裆边扭动。但是，这两件事都是打造客户关系网的重要活动，而且都很可能会把女性拒之门外。

在一家企业的营销中，通过外在的社交活动和客户建立良好的私人关系，是非常重要的。不幸的是，招待客户的两大场所——高尔夫球场和脱衣舞俱乐部——对女人来说都是障碍，她们无法进入。在很多高尔夫球场里，规矩就是，女人和男人同场竞技，是不正常的，是荒诞的。即使有的球场允许女人与男人一起打球，但也会单独给她们设发球区，还是把男女隔开了。密歇根大学社会学家劳里·摩根（Laurie Morgan）和卡琳·马丁（Karin Martin）研究了女性销售人员的经历后指出："很多人都说，男人会使用不同的发球区，把她们抛在身后，或要求她们使用另一辆高尔夫球车……从本质上来说，他们用这种办法拒绝和女人同场。"

还有一个"巨大的挑战"就是脱衣舞俱乐部。男员工和客户都不希望女同事出现在这样的场合，提醒他们女人不仅仅是可供玩赏的身体，破坏他们的兴致。这一点不会让人意外。女销售人员说，"自己一遍遍地被告知，当男人们偷偷去脱衣舞俱乐部时，不要一起去、不要接受邀请甚至不要感到被欺骗"。但她们态度坚决，即使那种场合让她们非常尴尬（格格不入、无所适从或极其窘迫），她们还是会去，她们不想错过与重要客户建立关系的绝佳机会。

再说说那些艳舞俱乐部。英国福西特协会（Fawcett Society）

对伦敦金融城职员进行了匿名调查，发现到这种场所招待客户"越来越常见"。甚至客户会主动提出这样的要求。英格兰城市考文垂讨论要不要允许建艳舞俱乐部时，一位"颇有影响的商人"向地方议会陈述理由："如果考文垂想成为重要商业区，就必须拥有高质量的成人娱乐场所，而膝上艳舞俱乐部必不可少。"在男人们能够花钱让裸体女郎在他们裆边扭动之前，他们到底是怎么做成生意的？

摩根士丹利（Morgan Stanley）投资银行曾因 4 名美国雇员参加工作会议期间前往艳舞俱乐部而把他们解雇，此后不久，艳舞俱乐部老板彼得·斯特林菲洛（Peter Stringfellow）评论说："金融城的人是我的主要客户。"他的"世界顶级脱衣舞俱乐部"配有同名网站，其中有一个网页即针对公司业务而设，上面写着斯特林菲洛的俱乐部是"贵公司低调进行招待活动的完美选择"。广告词这样写道："刚敲定一笔大生意，或者只差一点儿额外助力？告诉我，你要带他们去哪儿???"——"完美私人宴会桌。"与传统宴会桌不同，这张桌子中心竖着一根长杆。毫无疑问，如果让一位投资银行的女职员，来见证生意敲定的重要时刻时，发现可以用公司信用卡购买"斯特林菲洛天堂币"（币面画着紧抱长杆的裸体女郎），然后塞进裸体女郎的吊袜带，让她在汤碗间回旋舞动，这个女职员会有多么震惊。跟同事共赴盛宴、与重要客户建立关系网时，还能欣赏另一个女人的生殖器，多么"完美"啊！或者她会称头痛待在家里。像斯特林菲洛一样迎合公司需求的俱乐部绝非少数。福西特协会最近发布的"企业性别歧视"报告称,英国 41％的膝上艳舞俱乐部通过网络宣传其面向企业设置的娱乐项目,伦敦 86％的俱乐部可以开具不含明显情色服务字眼的发票,使这笔花销看起来像公司的正常支出。

不难发现,不管在道德层面怎么看待脱衣舞和膝上艳舞俱乐部,把它们作为公司的招待项目都会把女性排斥在外。工业部门一个女销售员说:"那个团队从不会招聘女性,因为他们的招待项目之一就是带客户去那些裸体酒吧。"金融城的男职员因工作需要去脱衣舞俱乐部的比例可能高达 80％,政治学家希拉·杰弗里斯(Sheila Jeffreys)指出:"金融业女性……正面临着一种新的晋升障碍,而这一次是脱衣舞俱乐部造成的。"或者,如记者马修·林恩(Matthew Lynn)所言:

> 其实,现在经纪人带商业伙伴去看膝上艳舞,就像他们的父辈带客户去蓓尔美尔街(Pall Mall)❶的绅士俱乐部一样。以前绅士俱乐部禁止女性入内,有些甚至现在还是如此;但膝上艳舞俱乐部只是会让女性客人受到惊吓。

这恰好引出职场中对女性表示敌意的最有效方式:性骚扰。迈克尔·赛尔米研究了大量性骚扰集体诉讼(除一例外,其他均已

---

❶ 蓓尔美尔街,伦敦街道名,以俱乐部多而出名。

结案)，案件集中在汽车制造业和采矿业，与女性追求行业中的高薪职位有关。他说："都是再熟悉不过的性骚扰模式——抚弄、强行拥抱、跟踪、要求发生性行为、使用挑逗性语言或描述、露出性器官在女性衣物上进行自慰。"就是这样。这些粗鲁的行为表明，性骚扰不是因为女人在身边而产生性欲，而是为了"创造环境表达对女性的敌意"、并且"教训一下那些想进入男人工作领域的女性"。

在男性主导的白领阶层，女性也不会觉得自己能享受到平等和尊重。证券业中的诉讼经常会提到"无处不在的性骚扰"，还有女性在晋升、培训、指导、客户分配等方面的不公平待遇。尽管赛尔米承认，他讨论的证券业诉讼都以调解方式结案，因而很难从中得出结论，但他认为："所有指控至少都在一定程度上得到证实，这一点同样显而易见。"

雅典娜因子报告称，56％从事科学类工作、69％从事工程类工作的女性都曾遇到过性骚扰。"粗俗的语言和与性有关的露骨嘲讽都很常见，令人难以接受。"社会学家苏珊·欣策（Susan Hinze）采访了99位南方大学的女住院医师，她们都说"曾遭遇过性骚扰，这使医院令人害怕、充满敌意"。"外科"这一最受人尊敬的医学分支，恰恰最敌视女性。然而，欣策的后续调查却不再关注住院医师的愤怒或受到的伤害，而是研究女性对性别歧视和侮辱有没有太过敏感。比如，一位常常被麻醉师轻拍的女性，怀疑这种不适感是否意味着她太敏感。她仔细回想，当她提及此事时，同事是不是会说："唉，她真麻烦，她太保守、太敏感了……"男同事看到一个住院医师瑟瑟发抖时说："哦，真希望我能像抱着我的小女儿一样把你放在膝上，紧紧地抱着你，让你暖和起来。"对此，她怒不可遏，她愤怒地对调查者说："我到这儿来不是为了让他想起自己的女儿。我奋斗了这么多年，却让他想起了自己的女儿？"但其他人安慰她说，他的话并没有什么恶意。还有个外科医生习惯称女医学生为"小姑娘"，她们对此非常生气，但一个男生却说她们"过于敏感"，她们的"神经末梢"简直是"完全裸露"的，动不动就会被激怒。

其实与此相反，欣策指出，女性住院医师一直在努力"淡化这些事情，把它们看成'令人伤痕累累的训练'（事实上，训练对男女住院医师同样残酷）一个'常规'的组成部分"，忽略那些话（"我在做手术，没空处理这样的小事"）或是改变自我而非骚扰他们的人。正如一位住院医师所说："如果别人的每一句评论都让你暴跳如雷……那你就太敏感了。"一位外科住院医师说，她曾在盥洗室里看到一幅关于她的黄色漫画，画中她与导师发生了性行为。还有人在画上加了个箭头，评论道真希望自己是那个导师。女医师对欣策说：

> 我想，这概括了我在这个医院的处境。为了站在这里，我努力了很多年，虽然没有一生那么长，也是很多年了，但他们无视我的努力、我的牺牲、我的聪明才智、我的技术能力、我为之付出的一切。你知道，他们就是这么看我的，就是这样。

　　她没有提出诉讼，而是调整自己适应这个充满敌意的环境（"我还不如试着自己走出来"），她从来没想过自己本来不应该在工作中受到这样的对待（"男人就是这样"）。

　　这个例子强调了女性对充满敌意的歧视表示无视、置之不理或佯装不知的好处。坦率地说，性骚扰会提醒女性"她们在职场中不可能与男性地位平等，虽然也有获益，但仍然只是女人"，这会伤害女性的自尊。但是，公开指出任何一种歧视都不容易，也不能保证会发生有益的改变。如果危及当事人的职业生涯、声望和收入（对律师而言），做起来就更不容易。甚至只是对一次性骚扰作出回应也没有想象的那么简单。想象一下，如果应聘助理研究员时，男面试官问你（女应聘者）："别人觉得你性感吗""你觉得穿胸罩上班对女人来说重要吗？"你会如何作答？你会拒绝回答吗？还是起身离开或举报面试官？这些都说起来容易做起来难。如果一位女性真的遇到这种情况，而不是像参与研究的 25 位女性一样仅仅需要说出自己的选择，她们大概会礼貌地笑笑，然后回答问题。[35]

　　赛奇威克教授作出预言后，一切已有所改观。1869 年，宾夕法尼亚女子医学院（Woman's Medical College of Pennsylvania）院长终于能够骄傲地带领学生前往宾夕法尼亚医院参加普通外科的周六临床授课。多年来，她一直致力于申请带自己的女学生观摩高水平临床医生的工作。管理人员终于同意了她的请求。但年轻的

女士并没有受到热情的欢迎。据宾夕法尼亚《晚间新闻》(*Evening Bulletin*)报道:

> 得知会有女生到来后,数百名男医学生在室外集结,对医院管理层的决定表示反对,同时抗议允许女性进入医学界。
>
> 这些绅士自行列队,向经过的年轻女士说着粗话,然后跟随她们走上街头,与另一伙人汇合,侮辱她们,这一切显然经过了长时间的排练……
>
> 最后,纸团、锡箔、烟草块像炮弹一样掷向这些女士,还有些嚼烟的人向近旁的女士身上吐口水。

现在女性的工作环境和 100 年前比,自然是大有改观。《机会均等法》颁布后,女人不需要多加恳求就能与男性享有同样的教育机会,女性专家、工人也已随处可见,不会再引起争议。但是,现在女性要忍受外科医生抚弄后背、到脱衣舞俱乐部与客户增进感情,或是让男人在自己的衣服上自慰……相比之下,头发上沾点锡箔碎片、裙子上有点烟草色唾液,简直称得上是绅士所为了。迈克尔·赛尔米指出,职场中公开歧视女性的事例可能会被不屑地视为"个别事件"。但他认为,"把它视为本质上的非常规事件,确实是个错误","男人公开的敌意和排斥,恰是以对职场女性恰当角色和能力的刻板印象为基础的"。当然,不公平待遇和骚扰并非都是针对传统男性工作领域中的女性或是其他女性,也不是所有女性都受到了骚扰(一位专家估计,约有 35％～50％的女性在工作中遇到过性骚扰)。但一些现代职场女性依然会受到敌视、性别歧视或侮辱,这表明女性恰当的活动范围这一旧观点还盘踞在很多人的头脑里。下一节,我们将把视线从工作转到家中,继续探讨这个话题。

> 我和 S 决定,明年念完医科后就结婚……我跟他说,我一点儿家务活都不会做,他反问我为什么应该会做?他觉得女人有理由跟男人一样不喜欢做饭洗碗。既然我们接受的教育几乎一模一样……所以没有道理让我做所有的"脏活"……我们决定,以后这周我做下周他做,轮着来……我高兴地不知该说什么好……我们平摊家务,以后还会这样轮流照顾孩子。

> ——约翰·霍普金斯(John Hopkins)研究生院梅布尔·乌尔里克(Mabel Ulrich)博士

但仅仅几个月后,这一鼓舞人心的安排就被证明是"行不通"的,雷吉娜·莫朗兹·桑切斯(Regina Morantz-Sanchez)在《同理心与科学》(*Sympathy and Soience*)一书中写道:"我们放弃了平摊家务的计划。我们尝试了一个月,但第一个周末,我就知道 S 实在是个糟糕的管家……从来都想不起洗衣服……不过,他确实很忙,而我却不是。"

生活在 20 世纪上半叶的乌尔里克博士,不可避免地受到典型的中产阶级婚姻的心理约束。人们对传统婚姻关系中的角色分配都不陌生——丈夫在外面工作,养家糊口,是一家人的经济来源。作为回报,妻子为家人提供情感上的支持,操持家务,让每个人都开开心心,打扫房间、做饭、洗衣服、养育子女——亲力亲为或雇人帮忙。一旦结婚,这些都是女人的职责,因此雇主有权解雇已婚妇女或是拒绝雇佣她们——直到 1964 年这在美国都是合法行为。

赚钱养家和照料家庭当然都必不可少。不赚钱,就买不起吃的。缺少照料家庭的人,就没人做饭,没有干净的盘子可用,衣不蔽体、浑身污垢的孩子都在院子里疯玩,而且只会发出原始的声音当作交流。男人和女人"各自的活动范围"——抛头露面或在家忙碌——本应是互为补充、地位平等的,但正如小说《动物庄园》(*Animal Farm*)所寓示的,有些部分"更平等"一些。如果我说"户主",你立刻就会知道我指的是谁(当然不是"某太太")。直到最近,法律才不再认定丈夫的决定才具有法律效力。1974 年,美国法律才允许已婚妇女使用自己的名字申请信用卡。1994 年,英国法律才承认婚内强奸。我提到这些并不是想扫兴,只是想强调一下传统婚姻关系中权利和地位的不对等。

当代女性像梅布尔·乌尔里克一样,没能说服伴侣进入女性传统的活动范围。我和丈夫都很乐意证明,要在婚姻中实现平等确实困难重重——尤其是有孩子的情况下。你肯定听说过这样的说法——个人即政治。我们在自己的婚姻中努力打破惯例,平摊责任,我的丈夫根据自己的经历,创造出一个扩展版:"接孩子放学是政治,孩子生病时留在家里照顾他们是政治,列购物清单是政治,买生日礼物是政治,找保姆是政治,准备便当是政治,考虑晚上吃什么是政治,问问黄油碟放在哪儿也是政治……"你明白这种感觉吧。有一天,我一定要问问他,如果一个人总是沉浸在思考中,时不时从《谁是婚姻中的赢家:男人还是女人?》(*Who Gets the Best Deal from Marriage:Women or Men?*)这样的社会学文章中抬起头眯着眼睛看别人,跟这样的人结婚是什么感觉?当然,我们也会争吵。比如,几个脏杯子在什么时候意味着男人在行使特权,什么时候它们仅仅是还没洗的餐具?我为写这本书进行了大量研究,这使我很容易把堆满碗碟的水池看成不平等的象征;但同样是因为这些研究,我那饱受批评的丈夫知道,我会把他当成难得的珍宝,至少这会让他稍感安慰。

在有孩子的双职工家庭,女人照顾孩子、做家务的时间约为男人的两倍——这就是著名的"第二班",社会学家阿利·霍克希尔德(Arlie Hochschild)在其经典之作《第二班》(*Second Shift*)中对此进行了描述。也许你会觉得,即使这不公平,但也算得上合理。对一些家庭而言,婚姻的一部分就是关于工作的谈判,赚钱较多的丈夫(多数情况下)就享有更大的讨价还价的资本。自然,按照这个平常的逻辑,女人对家庭的经济贡献与丈夫越接近,她承担的家务也应该相应减少。但你知道,事实上并不是这样,只是情况略有改善,直到她的收入与丈夫相等。如果收入继续增加——妻子的薪水开始高于丈夫——奇怪的事就发生了:她赚得越多,承担的家务也越多。社会学家桑普森·李·布莱尔(Sampson Lee Blair)将研究中发现的这一情况称为"令人遗憾的滑稽数据","即使她有工作而他却失业在家……你会发现妻子还是承担了大部分家务"。

她忙碌一天回到家中还要开动吸尘器,而他却悠闲地坐在那里,这种不公平背后到底是什么?几位畅销作家的解释颇具创造性。《男人来自火星,女人来自金星》(*Men Are from Mars*,

*Women Are from Venus*)的作者约翰·格雷(John Gray)最近勇猛地提出,做家务其实对女性有益,尤其——至少是那些工作繁忙的女性,这么说还真需要点勇气。他认为(据我所知,这可没有经过验证),因为现代职场女性离开了"家"这一传统活动范围,也就无法和孩子在一起,或是跟朋友切磋厨艺,那她血液中的后叶催产素浓度会下降,水平过低甚至可能出现危险。不过万幸,"能促进后叶催产素分泌的洗衣、购物、做饭、打扫卫生等家务活"有很多。唉! 可是这样的杂活却对男人有害。他们应该优先考虑那些"促进睾酮分泌"的工作——因为如果没有"他们"的性激素刺激,男人就会跟一块碎布(甚至还不是那种能擦擦厨房桌台的抹布)没什么两样。"洪水或灾难过后让一切恢复正常"能促进睾酮分泌,但"帮忙分担妻子每天的杂务却会让他筋疲力尽"。格雷说,如果他帮忙洗盘子,那么"拿盘子、收拾东西、擦桌子"就应该是别人来干,这才符合男性神经内分泌学的规律。这话很容易让人不快,但他解释说:"每次都得问妻子这些吃的要不要留着,得记着她要求这些东西分别放在哪里,这会让一个男人疲惫不堪。"我们只能希望,提醒丈夫把盘子放在哪里,能让格雷太太产生令人愉快的后叶催产素。

社会哲学家迈克尔·古里安(Michael Gurian)在他的畅销书《他在想什么?》(*What Could He Be Thinking?*)中给出了一种神经系统学解释。书中有一章题为"家庭中的男性大脑",从中我们可以看到因为"女性大脑能通过感官获取更多信息",所以她更有可能"感知到纸片、狗毛、孩子塞进沙发缝里的玩具"。"女性大脑"

还"更容易觉得咖啡桌上的书摆斜了,茶几上落了一层灰,床铺得不合她的心意"。

薪水高的女人做的家务也多,是因为内驱力促使她将后叶催产素维持在较高水平;而待业在家的丈夫还乱放脏衣服则是为了保持生理状态,甚至是因为神经构造使之无法感知到这一切——如果你觉得这个说法不可信,那么社会学家还有一种解释,也许能令你满意。他们把这种奇怪的现象称为"性别偏差中和"。[36]当传统婚姻状态被打破,女人成为家庭主要的经济来源后,夫妻双方会共同努力消除由此产生的不适。社会学家维罗妮卡·蒂奇纳(Veronica Tichenor)作过一次有趣的访谈式调查,揭示了夫妻双方在非传统状态下为保持传统"性别"角色而作出的心理调整。[37]比如,就像量表调查所预测的,多数收入较高的妻子称,家务活以及照料孩子的工作"大部分"都由自己承担。有时他们会感到愤怒,并为此与丈夫争吵,但有些人"却欣然承担起家务,以示她们是个好妻子"。蒂奇纳指出,这意味着"文化环境对好妻子的定义,影响了非传统家庭关于家务事的协商,最后的安排还对丈夫有利,但加重了妻子的负担"。

蒂奇纳还推测,女人一般也会"有意"顺从丈夫来作决定,因为她们不想显得强势、有控制欲或是损害丈夫男子汉的威严。夫妻双方还会重新定义"养家糊口"以使丈夫依然符合这一概念。在传统家庭中,养家糊口的人是指收入较高的一方;但在另外一些家庭中,丈夫理财或与钱无关的贡献都被看作供养家庭的一种形式。

这样，年薪 114000 美元的邦妮和 3000 美元的丈夫依然可以说他们都在"养家糊口"。有趣的是，这些女人都能意识到，虽然高收入能给传统婚姻中的男人带来更多权利，但在她们身上却没有这种效果。

这些心理上的改变表明，有一种力量迫使婚姻中的两性角色停留在维多利亚时代。正如迈克尔·赛尔米所说，尽管在出生于 1965 年到 1981 年间的人中，超过 80％都赞成平摊照料孩子的工作，但实际进展却像"冰河移动"一样缓慢。为什么这在今天还是如此困难？梅布尔·乌尔里克曾提出一种解释：

> 理智上，男人似乎对女性的目标完全能感同身受。但是，他只有 10％属于理智——另外 90％则是感性的。当 S 还是个婴儿的时候，他的情感模式就由母亲设置好了，要成为"现代"女性的丈夫确非易事。她有他的母亲不具备的一切特点——但他母亲有的，在她身上却全无踪影。

人们通常会表示赞成性别平等，但他们对性别的内隐联想又恰恰与之相反，乌尔里克的解释与这种现象完全吻合。另外，内隐联想还会作用于思想和行为，从而影响他们的看法。比如，在一项调查中，没有孩子的女大学生称她们认为大学教育比结婚生子更重要。但内隐联想测试表明，相比于把表示自我的词（如：我、自己）与关于大学的图片（如：学士服和活页夹）配对，她们更容易将其与描绘母亲特有物品的图片(如:婴儿床和童车)进行配对。这种自动触发的态度与价值观一样,也会影响我们的行为。有研究甚至发现,**女性的职业目标只与这种态度有关**。劳里·拉德曼和J. 赫庞(J. Heppen)评估了一些年轻女性将自己的另一半与童话中的骑士精神进行内隐关联的强度,也直接询问了她们对这种蜜糖一般的童话的看法。很明显,她们对这种浪漫童话的内隐联想的强度,而不是她们所持的观点,与她们对地位高、有学历要求的职位的兴趣呈现(负)相关性。至于这种自动关联是怎样形成的,研究还在起步阶段,但初步研究结果表明,正如乌尔里克所言,这可能主要受童年经历的影响。在这种情况下,内隐联想这么传统也就在情理之中了,我们会在后面分析这个话题。

人们可以不遵从内隐思维,而是依照个人有意识的价值观行事,他们确实也是这样做的。但是,她的内隐思维,或是作为母亲、妻子的社会身份,会让她们把衣服放到洗衣机里、从洗碗机中拿出餐具、整理孩子的衣服;而男人的内隐思维却让他不会干这些事——你可能还没意识到,自己已经开始像社会学家所说的"不断挑战盛行的两性职责和家庭角色模式并积极协商",一般人则把这叫作"老掉牙的争论"。

或许,也没有这么微妙。力量强大的社会准则还是把家庭和孩子视为她的主要职责——即使现在他应该帮忙了。英国"反对妇女投票权国家联盟"(National League for Opposing Woman Suffrage)曾张贴过一张海报引发了极大震动,图中描绘了一位"妇女参政论者"的丈夫回家的场景。房间里一片昏暗、杂乱无章，孩子在哭，脚上的袜子还有破洞，灯里没什么油了，发出的不是光，是烟。唯一与这个"误入歧途"的妻子、母亲有关的东西，是墙上一张"请支持妇女"的海报，上面还别着一张便签，冷冰冰地写着"约1小时后回家"。把"妇女参政论者"换成"职业母亲"，这张海报现在也还有巨大影响。现在有人会用一整章——甚至一本书——来讨论职业母亲的问题，但儿童教育指南中甚至没有一个段落会说到"怎么解决职业父亲面临的时间与责任冲突"。

社会准则让女性在协商时处于弱势地位。举个例子，很多跟我聊天的妈妈们都说，如果一份工作要求丈夫承担更多（甚至只是一部分）照顾孩子的责任，她们会直接把它从备选方案中删除，就像根本不存在这个选项一样。不用说，这样就排除了很多选择。有时，这还关系到可操作性或是收入方面的原因。但是，你要是想打破这种僵局，肯定会头晕。养家糊口/照顾家庭的这种绝对分工，导致了雇主希望招聘到"零阻力"员工，也就是家庭、孩子有人照管，可以全身心投入工作的人。只要女人还会包揽家庭责任，雇主的期待就不会改变。当然，一些工作时间确实无法变通。但有时在男人看来时间要求严格、不容易调整的工作，到女人手中却变得十分灵活，这很让人奇怪。

作家弗朗辛·多伊彻（Francine Deutsch）在《一分为二》（*Halving It All*）中讲述了她认识的两对夫妇。其中一对，丈夫是大学教授、妻子是医生，另一对夫妻职业正好相反。但在这两个家庭中，"夫妻双方都认为丈夫的工作时间要求更死板"。妈妈身份的不利影响(还有其他和性别有关的工资差异)，加剧了丈夫收入的影响。[38]这样一来，妻子越是为照顾家庭而调整工作，这种调整持续的时间就越长，她的薪水和职业发展前景与丈夫的差距也就越大。长此以往，妻子牺牲自己的事业似乎也就更合理。

我们看到，不管两个人开始的时候对"平等关系"有什么模糊想法，最后都变成了年轻人的傻念头。[39]最初几年，梅布尔·乌尔里克试图平衡自己的诊所工作(最后她还是放弃了)、家庭和孩子。为了省去先生搬诊所的麻烦，她拒掉了一个工作机会，她写道："我觉得工作对女人来说远没有对她的丈夫那么重要。"这是她为令人失望的不平等婚姻这个伤口贴的心灵创可贴吗？或是，像认为两性天生不同的人所说，生物学的事实赶走了抽象的男女平等理想？比如，劳安·布里曾丹认为，女性大脑遇到工作和家庭冲突时，"压力增大，焦虑加重，面对母亲的职责和孩子会手忙脚乱"，一边是照顾子女，一边是工作职责，这会使"大脑神经回路负荷过重，进而触发神经拉锯战"。

大脑神经回路负荷过重？还是待办事项负荷过重？布里曾丹认为，"了解自己的生理结构能使我们更好地规划未来"，在我看来，这一观点没有说服力。我觉得多数职业妈妈会觉得其他事情更有帮助，比如：关系融洽的工作环境、爸爸能够去幼儿园接小孩、准备便当、留在家里照顾生病的孩子、半夜起床照看醒来的婴儿、做饭、辅导小孩功课或是午休时给小孩的医生打个电话。这些正是所谓新时代的传统女性生活中所缺少的，正是她们放弃受人尊敬、待遇优厚、好不容易才得到的职位转而投身家庭的原因。但她们的选择却常常被归因于不同于男性的内驱力。社会学家帕梅拉·斯通(Pamela Stone)对54位这样的女性进行了访谈式调查，并在《选择放弃？女性离开职场回归家庭的真正原因》(*Opting Out？Why Women Really Quit Careers and Head Home*)一书中加以详细论述。她发现原因错综复杂值得关注，其中之一就是家庭中(独立于需全力以赴的职场)的性别不平等，这是很多受访者放弃深爱的成功事业的重要因素。**她们说工作繁忙的丈夫往往会表示"支持"、说她们可以"自己选择"。但没有一个人会为家庭调整工作，从而**真正**给妻子选择的机会：**

> 夫妻俩似乎都认为，丈夫的责任仅限于赚钱让妻子能够辞职回家，而非帮妻子分担家务以使其能继续工作。"这是你的选择"意思是"这是你的问题"。"支持""选择"这些看似平等的言辞背后，实际上是对妻子辞职的默许，同时也表示妻子的事业不值得他们(丈夫)作出改变。

我们常常认为，或许爸爸们是被激素影响了，才会做甩手掌柜，这是自然所决定的，但生理结构其实比我们想象得更为灵活。让我们趋向某种环境或行为模式的，不仅仅是激素这种内在力量，还有其他很多因素。环境中的种种刺激——不管是一个婴儿、工作中的成功还是一集感人的《奥普拉脱口秀》——都会引发激素变化。[40]激素会对我们的生活作出响应，打破体内生理环境与外部环境间不相容的状态。因此，为人父母的身份转变不只会让女人的激素发生变化，男人也会发生变化。这应该不奇怪（该领域研究甚少，比如，分娩时睾酮分泌会受抑制而催乳素——如名字所示，哺乳与这种激素有关——则会增加）。在研究"平均分配者"时——即平摊家庭责任、共享家庭乐趣的夫妻——弗朗辛·多伊彻发现，孩子能够与这样的爸爸建立起通常只跟妈妈才有的亲密感。一个十几岁女孩的爸爸说出了"很多（与妻子平摊家庭责任的）爸爸的心声"："我想改变生活中的很多东西。（为人父母）是我从未想过要改变的，它是我生命里最美好的经历。"

如果这些还不够有说服力，我们再来看看老鼠。雄鼠不会经历那种触发雌鼠母性行为的激素变化。通常情况下，它们绝不会照顾幼鼠。但如果你把刚出生的幼鼠与成年雄鼠关在一个笼子里，几天后它就会像母亲一样照顾幼鼠。它会像雌鼠一样把幼鼠抱在怀里，让幼鼠保持清洁、舒适，甚至会给它造一个舒适的窝。雄鼠大脑内形成了与抚育后代有关的神经回路，但这一物种的雄性在正常情况下甚至从不照顾幼鼠。[41]如果雄鼠没有威廉·西尔斯❶（William Sears）的育婴手册都能学会照顾幼鼠，那我们对人类

---

❶ 威廉·西尔斯，美国著名儿科医生，是"亲密育儿理论"的主要倡导者。

父亲也应保持乐观态度。

有人认为共同照顾孩子是现代流行一时的错误思潮,其实不然,两三百年前父亲与孩子共处的时间比现在要多。历史学家约翰·迪莫斯(John Demos)通过研究美国早期历史中与父亲有关的只言片语,发现"丰富多彩的家庭生活画卷上,绘有父亲活跃的身影,父亲照料子女是日常生活的一部分"。但到 19 世纪,男人离开家工作的时间越来越长,这个时期的故事里有了父亲事业与家庭生活"冲突"这一主题。迪莫斯找到一期 1842 年的《父母必读》(*Parent's Magazine*,这个名字比如今大多数杂志都进步得多)杂志,其中一则小说讲述一位父亲工作繁忙,甚至不能及时回家主持家庭祷告。最后,这位父亲"终于醒悟,重新履行自己的职责。'我宁愿少挣点钱,'他说,'也不能伤害家人、毁掉自己的灵魂。'"应该怎样对待自己的灵魂不在此书讨论范围之内。但认为两性天生不同、几乎所有男人都只专注于工作的说法,忽视了一些迹象,其实有些男人不愿再毁掉自己的灵魂,他们希望多花点时间跟家人、朋友和邻居待在一起。[42]

我不敢说这能不能拯救他们的灵魂,但有一点是确定的。这也许会让和梅布尔·乌尔里克的丈夫完全不同的男人更有可能去洗衣服。洗衣服是件很重要的事。不久前,格洛里亚·斯泰纳姆(Gloria Steinem)还跟一位记者说:"想做,完全不意味着做到。男人也是家长。事实上,除非男人在家庭内做到平等,女人才能在家门外得到平等。"

现在是打开香槟庆祝性别平等 2.0 版完成的时刻吗？在这个升级版本中，男女地位尚不相同，不过他们都能自由表达自己的不同天性。女性已能够避孕，拥有了《机会平等》法，经济独立，可以追求自我实现而不受限于金钱。然而，两性在生活中面临的选择和道路还是各不相同。"但是，"《性别谬论》的作者苏珊·平克提出这样一个疑问，"这是一个非解决不可的问题吗？"我们是不是不该再认为女人的生活要跟男人一样？

我对此确有同感。有时，我和建筑承包商先生会好玩地想象，如果我们被迫交换工作会怎样。他花整一个小时写的邮件，看起来不过像是 10 岁法国小笔友写的（亲爱的迈克尔：你还好吗？今天真热）。一想到写书，他脸都白了。而如果他遭遇致命车祸，手上的一个改造项目才刚刚动工，我不得不接替他完成，他很可能会在救护车上拼尽最后的力气口述一条备忘录："科迪莉亚：切记，先铺排污管和电路，再砌墙！我爱……"如果有更多像我丈夫一样的人去写书、我这样的人去翻修房屋，这个社会可不会有什么改观。也许女人确实天生不擅长也不喜欢科学、技术、工程、数学等男性主导的领域，因为她们倾向共情的大脑不适合这些工作，也很难从中获益。如果多数女性更适合传承文明而不是推动其发展，那么选择地位显赫的工作、并晋升到顶层的女人少之又少，也在情理之中了。如果是天性推动男人和女人在水平方向（两性集中于不同职业）和垂直方向（所有行业的高层职位多数都是男性）分离，那追求绝对平等似乎就显得毫无意义甚至适得其反。

然而，我们也不该这么快就举手投降。政治、财富、科学、技术、艺术等领域的成就依然集中在男人手中，性别平等2.0是在为这一现状辩护。这绝不是说传统上由女性完成的工作不重要或毫无价值，也不是轻视女性的性格特点。但还是有必要再考虑一下哲学家尼尔·利维的观点，即女性天生容易共情而男性趋向于系统化"并不是平等的基础。诺贝尔奖没有设'让人有归属感'这一项，这不是意外"。一个孩子紧紧抱着渴望已久的玩具，声称自己的伙伴"并不想玩"，这时候明智的做法是表示怀疑。怀疑态度在这里同样适用。

有张《纽约客》(*New Yorker*)里的卡通画多年来一直占据了我办公室里最显著的位置，画中是一只穿着西装的老鼠坐在办公桌旁打电话。他身后的墙上有一根操作杆和一盏灯。他的脚翘在桌上，十分惬意。他说："噢，还不错。灯一亮，我就按下操作杆，然后他们就给我写张支票。你怎么样?"人们应该记住一条基本的心理学原理，即回报总能让人满足，无论是真诚的赞美、地位、金钱、新的机会、晋升、一阵掌声还是报纸上一则不错的评论。毕竟，每个人都体验过才能或工作得到认可时产生的自豪感。从小我们就想得到这种自豪感(快看，妈妈。快看看我)。长大后，我们不再表露对赞赏的渴望，但只要有我们就会欣然接受(**我觉得不只我是这样**)。在网球俱乐部上课的那些早晨，所有人都喜欢围在教练西蒙身边，他总能想出鼓舞人心的话(克莉迪亚，步法不错)，即使球飞过围墙打中过路车的挡风玻璃也不例外。

人们常说"偏好不会凭空产生,而是由周围的社会环境造就的",[43]这对我们找出纵向分离的原因十分重要。尽管在 20 世纪我们已取得很多进展,但男女在工作和家庭中的经历依然不同,其根源通常是有意或无意的区别。如果宽敞舒适的斯金纳箱里的老鼠,靠着按按活动杠杆得到又大又好的饭团,其他老鼠却无法享受特殊待遇甚至还疲惫不堪,我们会认为前者更喜欢按杠杆吗?那些无法获得应得的晋升或薪水的经理,坚决前往裸体酒吧和艳舞俱乐部打造人脉的女销售员和投资银行职员,不得不忍受公司衣帽间文化的研究人员,我们应该承认她们还面临着种种障碍。

　　这也包括家庭中的障碍。妈妈们不想因为家庭而牺牲事业,那她们就要多交点"税":多干点家务活、多花时间照顾孩子,小心翼翼地满足丈夫的自尊。谁又知道她们的人际关系发生了什么变化呢?当然,也会有例外。不过加利福尼亚大学教职工的一项研究提供了有力的证据。有孩子的女性教职工称,她们每周的工作时间为 51 小时,做家务、照顾孩子的时间也是 51 个小时——真的可称为"第二班"了。这意味着她们每周工作时长为 102 个小时,平均每天超过 14 个小时。另外,睡眠需要 8 小时,吃饭和个人卫生需要 1 小时,据此计算,这些女性每天属于自己的时间只有 26 分钟。而已经做了父亲的教职工每周无偿劳动的时间仅为 32 小时。这样轻松的工作量不仅使他们每周可以多工作 5 小时,每天还能再自由支配 2 小时——谁知道他们都用来干什么呢——但妈妈们还得洗衣服、做饭、检查单词拼写、洗那些脏兮兮的小脸、讲睡前故事。每个在学术方面有所建树的男人背后都有一个女人，但每个成功女性的背后却是未削皮的土豆和需要关爱的孩子。在学术道路上打拼的女性失去的不仅是闲暇时光，她们当中单身母亲再婚的可能性远小于单身父亲(比例分别为41%和69%)。更令人心酸的是，错过生育年龄的女性更有可能后悔没多要几个孩子。简而言之，在同一份工作中，女性作出的牺牲要多于男性。如果一位女学者为了多给自己和家人一点时间，离开学术道路，转向时间灵活但毫无出路的低级研究岗位，这到底是因为她天生对要求甚高的学术工作不感兴趣，还是因为一天只有24个小时呢？

同样，社会也没有认真审视水平分离的必然性。如果可以，试着想象这样一个社会：一个男人期望从家庭和朋友而不是工作中寻找幸福感。想象一下同样多的男生和女生专注地坐在计算机系的报告厅里，为待遇优厚的未来打下基础。这样的社会并不是女权主义者对未来的幻想。20世纪80年代和90年代，在这个国家最大的计算机系里，女性的比例从未低于75%。现在，越来越多的男性选择了这一领域(不是女性的兴趣下降)，但在亚美尼亚计算机专业中女生依然接近半数(有趣的是，在很多苏联部分地区中这一比例都很高)——相比之下，美国仅为15%。加州州立理工大学计算机教授哈斯米克·加里比亚(Hasmik Gharibyan)将这种差异归因于两个国家不同的文化。在美国，"文化并没有强调要找一份自己喜欢的工作"。在她的所有访谈中，年轻的美国人"都强调幸福之源无疑是他们的家庭和友谊，而不是工作"，两性对此意见一

致，"他们都认为职业要能提供舒适的生活和稳定的经济来源"。⁴⁴

亚美尼亚计算机行业中女性比例较高，这代表了一种出人意料的普遍模式：**在富裕发达的工业社会中，两性职业兴趣的分离比发展中或过渡型国家更为严重**。比如，最近一项涉及 44 个国家的调查表明，随着发展中或过渡型国家的经济增长，越来越多的女性不再攻读工程、数学或自然科学领域的学位（她们更有可能获得高薪职业），转而选择更女性化的专业，如人文科学、社会科学和卫生保健。但在这些经济繁荣的国家，导致两性专业选择不同的并不是经济因素，而是青少年对数学和科学的态度。在富有的国家中，男孩女孩对科学、数学的兴趣差异越大，分离现象就越严重。调查报告的作者玛利亚·查尔斯（Maria Charles）和克伦·布拉德利（Karen Bradley）认为，满足需求的最低物质保障（对大多数人而言）以及注重个人选择和表达的西方文化意味着，在教育中追求自我实现，才符合文化标准，特别是那些有理由寄希望于伴侣养家糊口的人——即异性恋的女人。有趣的是，**如果没有男人来养家糊口，女同性恋者的职业选择与异性恋的男人十分相似**。

苏珊·平克认为，美国、澳大利亚、瑞典等国家职场中的性别分离现象反映了女性在不受制于金钱、家庭压力或政府调控时的真实倾向。但我们已经知道，工作兴趣并不能安全地待在人的头脑中不受外界影响。我们也看到，文化的暗示作用能够轻而易举地改变年轻人对数学、科学等传统男性领域的兴趣。正如查尔斯和布拉德利所言，当人们不再把金钱作为首要目标时，他们才能

"实现、表达真正的'自我'"——但你、我、查尔斯还有布拉德利都明白，自我追求、性别观念，还有这些观念形成、作用的文化结构并不是彼此绝缘的。**在那些两性地位更为平等的国家，人们对两性所持的刻板印象反而更不平等，这可能出乎你的意料。**查尔斯和布拉德利认为，在发达的西方社会，人们可能"满足于自我的性别角色"，从中我们得以窥探人们怎样让自我更符合性别刻板印象。关于两性的文化现状和观点——存在于不平等的现实、广告、谈话、他人的思维、预期及行为之中，也存在于我们自己的头脑之中——会改变人的自我认识、兴趣和行为模式。人们在实验室中进行试验，希望通过可控方式模拟现实世界中更为复杂的影响。社会文化环境不是心理学实验室中精心设计出来的东西，不用到处找，你现在就置身于这样的环境中。

有研究人员认为，性别刻板印象的点滴影响，日积月累也不可小觑。比如，斯蒂尔和安巴蒂注意到性别意识会使女性的兴趣更加女性化，他们开始研究"文化环境是不是通过不断强化刻板印象和相关身份，使人形成了对某一领域的持久态度"。社会学家塞西莉亚·里奇韦和谢利·科雷尔也认为：

关于性别的文化观念就像天平上的砝码一样，温和而有条不紊地改变了本来应该相同的两性行为和价值观。虽然在具体的单个情况中，性别观念的偏压作用都很小，但一个人会经历大量、重复的社会情境……在职业生涯和日常生活中，微小的偏压作用不断积聚，最终导致本来没有差异的两性在行为和社会地位方面分道扬镳。

这些不同的行为和社会地位又会影响人的思维——使男女的自我概念、社会认识以及行为模式出现差异——而后这又成为存在性别偏见的社会的一部分。

但人们无法感知到这一切。所以，我们必须另寻答案。

第二章

性别偏见真的来自神经科学吗？

## 第四节

### 命运在婴儿期已经决定了？

> 两千年来，无数"公正的专家"发表了诸多真知灼见：女人缺乏血性、燃不起怒火，也无法净化灵魂，她们的头颅太小、子宫太大，她们懦弱不堪，她们总是用心脏或错误的脑半球思考，如此种种，不胜枚举。
>
> ——社会学家贝丝·B.赫斯(Beth B. Hess, 1990)

20 年后，这样的观点还在大行其道，还多了一项"胎儿时期睾酮过少"，而且排在前面。或者是男性的睾酮太多了？开始，局面似乎终于反转，人们开始仔细检查男性的先天缺陷。比如，劳安·布里曾丹认为，男性胎儿的睾酮水平对他们神经回路的影响，简直像是村庄遭到敌军劫掠：

> 第 8 周，睾酮水平激增，和通信有关的中枢结构的部分细胞死亡，同时，性和攻击性相关结构的细胞增多，大脑开始趋于男性化。要是睾酮水平没有发生变化，大脑会继续成长为女性大脑，其中通信中枢结构及处理情感的区域的脑细胞会生长出更多连接。

在这个"胎儿期的岔路"上，布里曾丹解释说："子宫中的女孩没有经历睾酮水平的激增，她们负责通信、观察和情感处理的脑部区域也就不会萎缩，所以在上面说的这些领域中，她们的潜能天生比男孩好。"看起来，女孩似乎——在我们进一步研究数据之前[45]——幸运地躲过了胎儿期睾酮水平激增造成的缺陷。

但实际上，这不过是"广告文案"换了一种说法，宣传的还是女人所谓的唯命是从、多愁善感、爱拨弄是非，本质上还是在说"女人的大脑就是为女性化技能设计的，不是为了获得在男人的领域里成功的能力"，只是说法好听一点而已。西蒙·巴伦·科恩，还有那些乐于推广他作品的人，都在宣传胎儿期睾酮的说法。这迅速成为自然科学家和数学家崭露头角的必备条件。比如,在《英国广播公司新闻》(*BBC News*)近期的一篇文章中,巴伦·科恩提出这样一个问题:"(堪称)数学界诺贝尔奖的菲尔兹奖设立已有百余年,为什么从来没有过女性获得者?"他的整篇文章都围绕一个答案展开——因为女胎在子宫中没有经历同样的高睾酮环境。他坚信胎儿期的睾酮水平和数学能力有关,因此他担心,治疗孤独症的理论疗法会"抑制胎儿睾酮分泌",可能会"影响婴儿今后处理细节、理解数学等系统性信息的能力"。

胎儿期的睾酮看起来无疑是分化男女的有效物质,那我们来仔细看看它到底有什么作用。

开始的时候,子宫中的胎儿有着相同的原始生殖腺。到了第 6 周,男性 Y 染色体上的一个基因会让这个胎儿的原始生殖腺发育为睾丸,女胎的则变成卵巢。大概到第 8 周,睾丸开始分泌大量睾酮——一般称为性腺睾酮,含量在第 16 周前后达到最大值(为求准确,有时研究人员会用"雄性激素"这个词,而不是"睾酮",因为睾丸、卵巢和肾上腺能分泌几种相似的激素,统称为雄性激素,睾酮只是其中的一种)。到了第 26 周,男女胎儿的睾酮再次回到同一水平。但出生后,男婴体内睾酮浓度会略有增加并持续 3 个月左右。还没有人能确定出生后睾酮水平再次上升意味着什么,但子宫中胎儿的睾酮激增确实对男性生殖器的形成至关重要。[46] 如果在这个关键时期内睾酮分泌不足,男性胎儿的外生殖器会与女性相同;而同一时期,如果女性胎儿睾酮水平异常偏高,她的外生殖器就会具有男性特征——有时甚至会被误认为是男孩。

这些发现孕育了一个简洁巧妙的理论,即构建—激活假说(organizational-activational hypothesis)。也许男性生殖器——这一终身受用的馈赠——的形成所必需的激素,也参与"构建"了男性化的大脑(而"激活"则是青春期过后,循环流动的性激素能够"激活"这些神经回路)。人们已在男女大脑的多个区域内发现了睾酮受体,并开始动物实验,研究睾酮如何作用于大脑,影响生长发育。神经内分泌学家也开始着手研究胎儿期的睾酮是不是能参与构建大脑。在脑组织形成的关键时期,他们改变了实验动物的激素水平,观察它们的大脑和出生后行为的变化。

构建假说最有力的证据也许来自斑胸草雀和金丝雀等鸣禽,这种鸟只有雄性才会鸣唱。这几个物种的雄性脑部控制发声的区域更大、更复杂,这就能很好地解释上述现象了。此外,如果把雌性斑胸草雀的激素调节成雄性的状态,它们的大脑(控制发声的区域)和行为(鸣唱)就会具有雄性特征。激素、大脑、行为——暂且打住! 事实上,这已经有些混乱了。[47]如果是只斑胸草雀,站在树枝上唱首歌可能是表明雄性身份的最好方法,但这对人类并不适用。

老鼠与人类具有更多相似之处。顺便说一下,老鼠在出生之后,睾酮水平才会激增,然后长出雄性生殖器来。研究人员发现,出生时就去世的雄鼠很多行为都和雌鼠相似,比如攻击性倾向、在迷宫中很容易茫然无措。那么,人出生前由睾酮水平变化造成的大脑结构差异,是不是就导致了人的认知能力和行为方式不同呢?

有可能,但一些研究人员指出,将结论从老鼠和鸟类推及人,有一定的风险。很多时候,我们都不会觉得老鼠和人是一样的,比如,谈到人有不被杀死或吃掉的生存权,谈到大家接受教育,甚至在开车时,我们不会想到"一切生物都是上帝的造物"……但是,很多人(特别是一些畅销作家)却能由这一点得出,老鼠实验的结论可以直接推及人。[48] 有时这也未尝不可。尽管大大小小的哺乳动物间确实有相似之处,但它们也有重要的区别。梅利莎·海因斯指出(当然她的措辞更为专业),阴茎就是阴茎,无论是在雄鼠还是男人的两腿之间。物种的体型不同会导致这种器官大小不同,不过功能是一样的,形成机制可能也一样。但啮齿类动物的大脑,即使放大到适合的尺寸,也无法为人类所用。在人类大脑中,负责复杂、高级思维的叫做联络区(association cortices)的部分,占据了极大空间;但在老鼠大脑内,联络区只能勉强在嗅觉、视觉、听觉、触觉和运动有关的神经元中挤出栖身之所。因此,海因斯指出,"不能认为影响其他哺乳动物神经发育的早期激素变化,特别是那些影响大脑皮层的,在人类体内也一样"。同样的,有句俗语说一个人的脑子是"鸟的脑子",就是一种侮辱,是这个人没有足够的思考能力。

关于激素早在什么时候就开始影响老鼠和人,还有另外一些重要的不同点。[49] 总之,一些研究者认为老鼠实验的数据可能对阐明人体内的变化没有太大帮助。[50] 那灵长类动物符合要求吗? 与老鼠不同,雌性猕猴如果胎儿时期经历了高浓度的睾酮环境,也不会表现出更高的攻击性。事实上,如果生长情况正常,它们的攻击倾向会与雄性一样。[51]不过,它们会比其他雌猴更喜欢打打闹闹。[52]如果抑制雄猴胎儿期的睾酮分泌,它们出生后对打闹玩耍的兴趣会降低。[53]

研究人员猜测,操纵激素水平会引起行为的变化,是因为睾酮改变了胎儿的大脑。我之所以用"猜测"一词,是因为要把胎儿期激素水平、脑部变化和行为变化联系起来,比你预想的更难,即使在相对低等的老鼠身上也不例外。比如,25 年前人们就发现雄鼠脑部的一个结构(视束前核的一部分)比雌性大得多。如果雌性幼鼠被用了雄性激素,它们的这个区域会变大;而雄鼠呢,如果抑制了这类激素的分泌,它们的视束前核就不能发育到正常雄性的大小。实验到这里,都还顺利,但要搞清楚大脑与行为之间的关系还是很有挑战性。

1995 年,这个领域的先驱罗杰·戈尔斯基(Roger Gorski)遗憾地表示:"这个神经核研究,我们做了 15 年,还是没弄明白它有什么作用。"[54]大约 10 年后,神经内分泌学家格特·德韦里斯(Geert De Vries)再次指出,脑部的这一性别差异究竟怎么影响行为模式,科学家"还没有丝毫进展"。人们需要的解释应该以"激素"开始、经过"神经"、以"具体影响到什么行为"结尾,整个理论要清晰、完整、有说服力;但目前研究人员能拿出的最好成果,不过是发现脑干部分区域能刺激阴茎活动。我丝毫没有贬低神经内分泌学家工作(或是男性引以为傲的机能)的意思,但目前他们的进展确实落后于布里曾丹等人给他们制定的科学发现时间表。[55]

即便是脑干的情况也比人们开始想象的要复杂得多。

马萨诸塞大学发展心理学家西莉亚·摩尔(Celia Moore)致力于研究为什么早期激素变化会导致出生后的男/女典型行为。它到底是永久地改变了大脑,还是"把行为模式推向某一方向,经年累月地最终导致了行为差异。这对雄性恒河幼猴的犬齿生长有什么影响? 早期激素引起的两性的体型差异呢? 外生殖器呢? 还有在社交中极为重要的气味呢?"

摩尔着手用老鼠研究这一理论。鼠妈妈会舔舐刚出生幼鼠的肛门和外生殖器,摩尔注意到,雄性幼鼠被舔的次数更多,她发现原因在于妈妈会被雄性肛门中浓度较高的睾酮所吸引。然后摩尔堵塞了鼠妈妈的鼻子,它们舔舐幼鼠时就一视同仁了。如果给雌性幼鼠注射睾酮,它们被舔的次数也会跟雄性相同。但最引人注目的还是舔舐肛门和生殖器对小鼠大脑的影响。

摩尔用毛刷刺激正常雌鼠的肛门和生殖器,它们脑干中负责支配阴茎的神经核会变大(不过还是小于雄鼠的神经核)。换言之,两性神经核大小的差异**不仅取决于刚出生时的睾酮水平,还与鼠妈妈的区别对待有关**。甚至简单的"激素—脑干"理论中也有社会因素的分支。

我们开始担心,既然激素与行为的关系中,插入了生活经历的因素,那这意味着,把这两点直接连接起来,是很有风险的。摩尔说，"在早期激素作用和我们所关心的最终差异之间"，这种简单的方法"留下太多还没有探明的领域和可能的复杂通路"。下一节，讲到人类(及其他灵长类动物)实验时，我们也要记住这一点。罗莎琳德·巴涅特(Rosalind Barnett)和卡利尔·里弗斯(Caryl Rivers)在《同样的差异》(*Same Difference*)一书中指出，摩尔的工作使我们得以领略"影响行为的大脑、激素和环境之间复杂的相互作用。如果老鼠身上的这个过程都如此复杂，那么可以想象人类的会是怎样"。

但科学家都十分执着。20世纪80年代，诺尔曼·格施温德(Norman Geschwind)等人提出一个复杂的理论，观点之一是男孩在胎儿时期的高睾酮环境减缓了大脑左半球的发育。格施温德进一步指出，男孩子因此在"艺术、音乐、数学等与大脑右半球相关的领域"潜力更大。格施温德理论如同科学界的"特氟龙"不粘锅。很多理论已被大量数据证伪，但格施温德的理论却没有受到任何影响。很多批评都指出，这个理论看似宏大但太难得到证实，但它还是坚挺不倒。[56]比如，20多年前神经分泌学家鲁斯·布莱尔(Ruth Bleier)就指出，理论的出发点，与大量胚胎脑组织解剖实验数据不符。后来对74个新生儿的神经影像研究也没有发现男性大脑左半球偏小。[57]

即便这样，这种说法也还是很有吸引力——胎儿期高睾酮水平让"男人"大脑在科学、数学等传统的男性领域具有优势；而睾酮较低浓度，则造就了一惊一乍的女性大脑。巴伦·科恩的假说则是对格施温德理论的进一步阐述。他认为低睾酮环境造就了 E 型女性大脑,浓度适中则形成平衡的大脑,高浓度则会造就 S 型男性大脑(如果胎儿期睾酮过多,则会形成擅长系统分析而共情能力极差的"极端男性大脑",也就是常说的"孤独症")[58]在 4～6 个月期间,男孩女孩的睾酮浓度又相近了——一些女孩的睾酮水平可能比男孩还高——这就能解释为什么有些女人有系统性思维,有些男人却有很好的共情能力。但平均来说,还是男孩的睾酮水平更高,因此他们的大脑更可能是 S 型。

问题就在这里:我们怎样检测呢? 这可不容易。胎儿期的高睾酮水平与阴茎关系密切。这意味着,"胎儿期睾酮浓度影响男女后天的不同行为"的说法,**可能根本和睾酮本身是无关的,而完全取决于一个人是怎么被社会化的。**我们将在后两节中介绍几种方法解决这一问题。

但这与性别不平等现象的生理学基础又有什么关系?

> 没有睾酮,你的女儿也会长出女性外生殖器和百分之百的女性大脑……是这种大脑,引导她以女性的方式融入这个世界。
>
> ——古里安研究所《是个女孩!》(*It's a Baby Girl*! 2009)

看到这里,你可能会对"以女性的方式融入这个世界"这样的话产生怀疑。我们已经知道,一个人的处事方法,取决于他的社会身份,或环境对他的社会预期。而女性大脑并没有以女性的方式,像是敏感、灵活,来引导个体行为。但这也不是说胎儿期的睾酮什么用都没有。也许要弄清楚其作用,最容易的方法就是,比较胎儿期睾酮浓度不同的人的共情能力和系统分析能力。如果睾酮浓度高的女孩表现得更加男性化,这可能意味着她们在子宫里时大脑"男性化"程度较高(男孩则相反)。[59]

这里面临的技术性问题是,很少有血样是从没出生的胎儿体内取出的,也就是说胎儿血液中的睾酮浓度,是不能直接测量的。那怎么办呢? 一些研究人员测量了母体睾酮,也就是孕妇血液中的睾酮浓度。还有研究人员转而测量羊水中的睾酮(孕期检查时从胎儿周围的液囊中提取)。还有一些是以成人对象,用指长比代替睾酮水平。2D:4D指长比是食指和无名指的长度比。一般情况下,男人的无名指比食指长,而女性则是长度相同或食指略长。有观点认为胎儿期睾酮水平会影响指长比。这些方法有一个重要的共同点:研究人员其实也不太确定,他们测量的指标和影响胎儿大脑的睾酮水平是不是关系密切,甚至不能肯定它们真的相关。[60]但我们不会因此停止研究(毕竟,我们只是在尽力寻找性别不平等的生理学根源,何必吹毛求疵呢)? 不过也不能忽略这一点。

审视完这些细节,我们可以看看"女性以自己的方式融入世界"是从子宫开始的证据了。西蒙·巴伦·科恩等人在一系列文章中记录了很多孩子的情况,这些小孩的妈妈在怀孕4~6个月时都进行过羊膜穿刺。根据他的假说，羊水睾酮水平较高会导致胎儿的共情能力较差。如果针对单一性别，这个假说成立吗？[61]研究人员测量了一系列指标，包括：12个月大的婴儿与爸爸妈妈做游戏时眼神交流的频率（假说不成立[62]），4岁的孩子社交关系质量（由妈妈进行评估，不完全成立[63]），使用精神状态术语的倾向（不完全成立[64]），为儿童设计的共情能力商数量表中的得分（由妈妈进行评估，不成立[65]）和"读眼读思维"测试（成立[66]）。但不要为读眼读思维"测试的成绩高兴得太早，虽然它确实与羊水睾酮水平相关，但女孩的成绩却与男孩一样。[67]将研究范围扩展到指长比，也没有得到任何有利的结果。[68]

那么胎儿期睾酮与系统化的关系怎么样呢？

你应该还记得，系统化"促使人分析或创建系统"，"系统接受输入，然后以不同方式进行处理，并根据既定规则输出结果"。细心的读者可能已经发现，我们没有提到任何评估这种能力的测试。我们甚至没说过，系统性较强的大脑是成为一流科学家的利器。哲学家尼尔·利维说："智慧，甚至是自然科学和发明创造中的智慧，对'共情能力'和系统性思维的要求并重。"比如，爱因斯坦就曾说过，他的突破性进展来自"与经验密切相关的直觉"，而不是"逻辑思考"的终点。有诺贝尔奖得主也表示赞同。分析这些科学领域杰出人士的采访可以发现，大部分人都认同存在一种类似于科学直觉的东西，它与有意识的逻辑推理截然不同，当缺乏必要信息进行逻辑推理时，科学直觉依然可以起作用。事实上，他们对科学直觉的描述与巴伦·科恩所说的共情惊人地相似,都是"在缺乏完整数据的黑暗中创造性的一跃"。一位诺贝尔化学奖得主说:"我一直觉得,直觉就是我们用不充足的组件拼出完整的图画。"逻辑推理当然非常重要,很多诺贝尔奖得主都说科学直觉给予他们很大帮助,但如果只用这一种方式,作用就会被削弱,一位医学奖获得者这样说道:

> 直觉需要大量事实作为基础来支配。它发挥作用的方式不可思议,因为……它有点儿像是让所有事实悬浮在空中,然后等它们像拼图一样落到正确的位置。如果你伸手按按……如果你试图用知识进行分析,将一无所获。你必须使用一种神奇的力量,然后坐在一旁等候,突然,"砰"……问题解决了。

我们在评价证据是不是支持性别不平等的原因可以追溯到胎儿期时,也必须牢记这一点。事实上,"人们从来没有确定过一个成功的科学家到底需要什么样的认知能力"。不用说,这种成功跟胎儿期的变化有没有关系,就更难确定了。

不过,我们先暂时接受这个假定吧,也就是,系统性思维确实是在科学领域取得成功的关键,然后继续看看这些数据。

西蒙·巴伦·科恩实验室进行的一项研究发现,羊水睾酮可能与儿童系统商数有关(这个听起来让人充满希望的测试由妈妈代为填写)。调查表中有些问题让人觉得和系统性有关(比如,问小朋友们"能不能很容易地找到录像或 DVD 播放机的开关"、"能不能把颜料混合调出不同的颜色"),至于其他问题,就很难理解它们与小朋友的"输入—处理—输出"机制之间的关系。像是,比较介意"房间内的东西有没有摆在合适的位置"、"会不会因为事情没有按时完成而恼火"、能注意到"房间里的东西被挪了位置或发生其他变化",这些问题到底是怎么反映了一个人的思维是倾向去理解这个世界的法则的?[69] 我不是这方面的专家,但我不禁好奇:如果有大惊小怪商数量表,那问题会不会跟这些类似?

关于 13 个月大的婴儿选择玩具的研究更是要被质疑。男孩们花在"男孩子气"的玩具上的时间比女孩要多,这些玩具包括挂着 4 辆车的拖车、一辆垃圾车,还有一种"由 3 个塑料结构组成的装置"——这个描述实在是一点用都没有。这些是"系统性"的玩具吗? 我想你会坚持说"是"。你推一下汽车或拖车,它就会动。我们暂且也不对"塑料结构的装置"提出质疑。当然,比起女孩更喜欢玩的茶具、玩偶、奶瓶和摇篮,这些可能更符合要求。然而,另外3 个男孩女孩玩的时间一样长的玩具(塑料狗、木制拼图、带套环的木杆),系统化程度看起来至少跟男孩子气的玩具一样甚至略高。这也没有太大关系,因为事实证明,羊水睾酮或母体睾酮与游戏行为也无关。[70](声明:"男孩子气"的玩具是指市场定位传统上为男孩的玩具,"女孩子气"的也一样)

至于胎儿期高睾酮水平与视觉空间能力、数学能力是不是有关,羊水睾酮和认知能力相关性的研究也没给出多少支持。7 岁的孩子在心理旋转能力测试中的准确度与羊水睾酮有关吗? 没有。[71]羊水睾酮水平越高,孩子在 4 岁时摹画方块结构、理解与数字相关的事实和概念、计数以及分类能力就越强吗? 也不是。拼图能力?无关。分类能力(比如,"找出较小的那些")? 无关。空间能力?无关。再说到指长比一些研究确实提供了有利的证据,但另外一些则没能证实指长比与系统商数、心理旋转能力有关。一项研究甚至表明,与社会学家相比,物理学家的指长比更接近女性的一般比例。在后面的章节中我们还会提到更多胎儿期睾酮的相关研究。但我想,目前这些证据都让人有些失望。

不过,睾酮研究只是胎儿期岔路假说的证据来源之一。过了胎儿期,变成了小婴儿,假说则是另外一个——

> 你女儿的女性大脑迫使她做的头几件事之一就是识别人脸。最初儿童发育专家认为,所有婴儿都会对相互注视感到兴奋,但你的女儿可能比刚出生的男孩更喜欢盯着别人的脸看。

这段话摘自古里安研究所出版的《是个女孩!》一书,其中论述的观点流传甚广,它来自 7 年前西蒙·巴伦·科恩和研究生詹妮弗·康奈兰(Jennifer Connellan)等人的实验。他们研究了出生只有一天半时间的新生儿的性别差异。逻辑很简单:在这么小的年龄,任何性别差异都不可能归因于社会化。102 个婴儿先后观察了康奈兰的脸和一辆小汽车。这是为了比较婴儿对人脸和小汽车——共情和系统化——的兴趣差异。他们录下了每个婴儿凝神观察的样子,而后根据录像确定其注视人脸和小汽车的时长。男婴和女婴注视人脸的时长相同,在整个观察过程中(约 1 分钟),他们看康奈兰的时间略少于一半。但是,男婴看小汽车的时间比女婴长(分别为观察时长的 51% 和 41%),总体而言,女婴看人脸的时间长于小汽车(占观察时长的比例分别为 49% 和 41%)。

该研究的意义得到了充分阐释。伦纳德·萨克斯(Leonard Sax)在《为什么性别如此重要》(*Why Gender Matters*)一书中写道:"实验结果表明,女孩天生对人脸感兴趣,而男孩则更关注小汽车。"这一观点得到全世界媒体的普遍响应。这对职业选择的影响显而易见。剑桥学者彼得·劳伦斯(Peter Lawrence)引述了新生儿实验,提出男人和女人"天生不同",因此物理学和文学领域男女教授的人数永远不可能相等。巴伦·科恩为《为什么科学界不会有更多女性?》(*Why Aren't More Women in Science?*)撰写了部分章节,他从对新生儿的这一研究出发,提出"(男孩)对物体的关注甚于情绪,(女孩)则相反",这反映了男女的部分源于天性、又被文化放大的差异。他认为,男女在共情和系统化方面的不同倾向"预示着,要是我们任由职场发展,每个行业能吸引谁就让谁申请,我们就不应该期待数学、物理方面的从业者性别比达到 1∶1"。换句话说,如果没有社会工程的大力改造,职场中性别比例相同将是不可能实现的理想局面。

但遗憾的是,正如一些研究人员所指出的,这项实验做得还不够好。当你断言这就是性别社会分级的生物学根源时,方法论要经得起检验才行。当然,没有实验是完美的,但恰如心理学家艾莉森·纳什(Alison Nash)和焦尔德纳·格罗西(Giordana Grossi)所言,它的缺陷原本可以避免。这些问题涉及的细节,可能会让普通人感到乏味,但在严谨的专家眼中却可能十分重要。

首先,测试新生儿的视觉能力有标准的步骤可循。在出生的最初几天,婴儿的注意力持续时间并不稳定,而是时长时短、不断变化。因此,如果研究者想知道新生儿对哪种刺激物最感兴趣,他们通常会把两者同时展示给他们。相反,如果你让他们一个一个地看,你就没办法知道婴儿长时间关注一个物体是因为她觉得有趣,还是因为另外有个东西让她有别的感受(被一些内部因素影响、想睡觉或者只是感到厌倦)。

而在康奈兰的实验中,人脸和小汽车就是先后展现的。

关于新生儿还有一点十分重要,那就是他们视力不佳。事实上,他们甚至不是被人脸本身所吸引,在 3 个月之前,婴儿其实更偏爱上大下小类似人脸的形状,而不是真正的人脸。因此,必须确保所有婴儿都从相同角度观察刺激物,否则同一物体看起来可能也大不一样,包括它上下两部分的比例。

在康奈兰的实验中,有些婴儿躺在小床上,有些则被父母抱在膝上。如果躺在床上参加测试的女婴比男婴多,那么实验中男婴和女婴看到的可能就不是同样的刺激物。

　　纳什和格罗西指出实验还有一个"明显的设计缺陷"，也是它的主要问题，即实验人员预期的影响。如果你曾到产房看望一位刚生完孩子的妈妈，你很有可能看到一两件这样的东西：粉色或蓝色（或其他具有性别倾向的颜色）的婴儿服，粉色或蓝色的气球，粉色或蓝色的毛毯，主色调为粉色或蓝色的花束，粉色或蓝色的贺卡，甚至婴儿车上还有粉色或蓝色的姓名牌（我生孩子的医院就是这样的）。简而言之，种种线索都指向孩子的性别。如果你要给小婴儿展示刺激物，而脑子里记着一些既有假设（更不用说还有各种文化假定），你必须保证自己在无意识的情况下不会被这些信息干扰到对婴儿的行为。这当然是不可能的。我们在第一章已经看到，即使是那些难以察觉的信息也会改变人们的行为模式。因此研究人员一般都会认真考虑这个问题，并努力消除预期的影响。比如，最近也有一个研究新生儿凝视行为的性别差异实验，就采取了一些预防措施：

　　　　我们要求参与者给婴儿穿上中性风格的衣服，要求工作人员在整个互动过程以及互动结束后，都不去询问婴儿的性别。父母一般都会为新生儿准备粉色或蓝色的衣服，因此实验种很多人都选择了医院提供的白色外套……

　　　　我们决定在其他房间进行实验，以避免妈妈房间里的物品会使工作人员推断出婴儿的性别……

为了使研究人员不能识别婴儿性别,在把婴儿带到实验室前,我们就把摇篮上所有的身份信息都遮住或拿走了。

这样细致的要求并没有让实验人员或新生儿父母感到不舒服。这个精心设计的实验发现,新生儿在凝神注视方面没有性别差异,有趣的是,他们在对 3~4 个月的婴儿进行实验时发现了差异。他们指出,这说明"两性行为模式并不是天生不同,差异是在婴儿初期习得的"。

康奈兰在研究中没有采取这样的预防措施。她至少知道一部分新生儿的性别,即使不知道,也有可能在无意识的状态下被环境中的性别信息干扰,导致行为与性别刻板印象一致。[72]遗憾的是,在这个试验中,实验者自己的动作要是有轻微不同,也会带来预期影响。移动、睁大眼睛,还有相互凝视,都是小婴儿特别喜欢也非常敏感的视觉刺激。[73]我想,展示小汽车、注视小婴儿,这样的动作要重复 102 次,恐怕很难保证每一次都相同。如果康奈兰自己都没有意识到,她给小男孩看小汽车时晃动得更频繁,或是与小女孩对视时更专注、眼睛睁得更大,怎么办?

即便严格按照婴儿测试的标准和步骤重复试验并得到相同的结果,那又意味着什么呢? 纳什和格罗西认为,如果新生儿行为的性别差异反映了大脑结构的不同,那么随着这种能力的发展,男孩和女孩的差异应该越来越大。但男孩对小汽车更感兴趣似乎不算什么优势。在这一点上,纳什和格罗西与哈佛大学发展心理学家伊丽莎白·斯佩尔克观点一致,即没有任何证据表明小男孩的系统化能力更强:大量实验研究了婴儿对物体和机械运动的理解,没有发现男性具有优势。[74] 在共情能力发展方面,表明差异存在的证据也有限。男孩和女孩学习解读别人心理的进度相似。但平均来说,女孩在理解面部表情方面确实略有优势,而且很多研究都发现女孩的情感共情能力更强。然而,就像成人一样,如果是根据观察而不是自述或由父母来评估,差异就会小得多。[75] 不过,这些心理学家也指出,为什么我们会觉得,从新生儿关注什么就能推断——且不说准确性如何——他们未来的能力和兴趣呢? 这也许可以归结于一些平常的原因,比如女孩会因为刺激物的差异(比如视觉、听觉或嗅觉方面)作出了不同反应,和人脸、物体本身无关。我们不知道新生儿的偏好能不能反映其将来的能力——尼尔·利维就曾指出,这种假设"根本无法证实,至多也是还不确定"。

很多实验在方法上都存在缺陷,还有一些是阐释不够合理。但没有多少实验能让研究人员甚至更多人得出结论:男女天生不同,这部分导致了社会根据性别划分等级。[76] 这个实验确实需要重复一次,我们才能认真对待、仔细分析结果的含义,研究那些使专家觉得实验可信且紧锁眉头的细节。

那么在黑暗的子宫里到底发生了什么? 想想大众媒体发布的那些有关胎儿期睾酮对脑部影响的大胆言论;再想想这个浓度(你也知道这都不能直接测定)和大脑类型的相关性有多么不充分。男孩女孩天生兴趣不同,这一断言一度充满自信,但证据却不堪一击。一边是无力支持结论的研究数据，另一边却是大行其道的流行观点，这的确让人感到震惊。西蒙·巴伦·科恩自己也曾写道："流行观点敏感易变，关于男女思维差异的研究要在这种环境中继续下去……我们必须谨慎地对待证据，避免在下结论时夸大其词。"

在这一点上，我们终于可以达成一致。

## 小孩和猴子的区别

> 这是美好的一生。即使明天就会死去，那我也是作为一个幸福的女人死去的，因为我觉得自己做了很多美好的工作。
>
> ——整形医生凯琳·菲尔丁(Kerin Fielding)

如今，生物学、心理学、医学、法医和兽医等领域已有很多女性从业者。有人认为这反映出"女性的保护、照料他人的倾向以及与生物打交道的愿望"，克里斯蒂娜·霍夫·萨默斯（Christina Hoff Sommers）解释为什么有大量女性涌入一度由男性主导的兽医行业时这样说道。

也许是这样。但在解释这个生命科学方面的变化中，有一点让人很不满——共情因素越多，对女人的吸引力越强！用显微镜观察细胞或看看绝育的猫，就能满足所谓的"女人与生命体或心理状态打交道的内驱力"吗？即使她们研究的是理论心理学，即使她们研究的内容是和人相关的，但是，这也是研究认知和行为背后的规律和原理啊——有人甚至会称之为系统。除了一般的实验室团队协作，**理论心理学家的核心工作——理解文献、设计实验、分析和阐释数据——对共情能力要求甚少。女性从业者是男性 3 倍的法医学情况又如何？**它有时确实将人作为研究对象。然而，话说回来，它所研究的人通常都是尸体。

记者阿曼达·谢弗（Amanda Schaffer）指出：

> 如果历史能给我们什么启示，那就是关于性别的统计数据可能还会继续不断变化。现在的数字有什么奇怪的吗？几十年前，生物和数学专业的学生多是男性，医生也是一样。如今，数学本科生的男女比例已接近 1：1。1976 年，只有 8％的生物学博士学位授予了女性；但到了 2004 年，这一比例达到

44％。现在,医学博士中约有一半是女性。甚至在工程、物理、化学和数学领域,2001 年获得博士学位的女性也已经是1976 年的 3～4 倍。那么为什么要认为现在已经接近自然极限了呢?

这观点不错。也许几十年后,女性在物理学、政治和商业领域所占比例将再创新高,我们还会把它归因于女性照料他人的内驱力。毕竟,与开发可持续性技术、严格设定碳排放指标或像比尔·盖茨一样为慈善事业大笔一挥开具支票相比,还有什么更有效的方式能去帮助别人呢?

正如一些心理学家所指出的,这样的历史转变——包括教育、文秘工作弱化男性影响的趋势——还用激素或基因学说来解释就不大合适了。记住,性别分离是很易变的,然后我们再来看看另外两个类似的研究:一个是有些婴儿的子宫环境和它本身的染色体性别不符合;还有一个,是猴子。

先天性肾上腺皮质增生症(以下简称增生症),是因为基因缺陷导致了胎儿体内睾酮水平过高。罹患此症的小女孩会发育出男性外生殖器(而内部生殖器官发育正常)。她们看起来很像男孩,像的程度则取决于病情。一般婴儿出生时就能发现这种疾病,然后需要进行持续性的激素治疗,一段时间后要做手术,把外生殖器变成女性的,然后作为女孩被抚养长大。研究人员因此可以观察,如果没有这些治疗和手术呢? 如果一开始就把她们当成男孩来抚养,那比较高的胎儿期睾酮又会有什么作用? 不过,需要指出的是,增生症女孩不只是胎儿期多了一点儿睾酮,她们体内其他激素的含量也会异常(这也可能是导致行为差异的原因)。另外,她们出生时外生殖器性征不明,需要接受激素治疗甚至大型手术,这些经历会让父母对孩子的性别拿捏不定,孩子们可能自己也会疑惑,不过目前没有证据能够证实这一点。[77]

尽管如此,增生症女孩有没有可能更擅长系统性思考而不是共情呢? 目前我们还不能得出结论。不过一些年龄较大的患症女孩和成人的自我报告显示,与正常的亲属相比,她们确实不太敏感、对婴儿兴趣比较小、社交能力略逊。但另一方面,她们认为自己的交流能力与他人相当(通过"闲聊时我感到轻松自如""与别人谈话时,我很容易就能听出'言外之意'"等问题评估),也没有更强的控制欲(包括攻击、权威和竞争等男性特质)。这些证据有些自相矛盾,另外,就像第 2 章中讲到的,自述有时并不能体现真正的共情倾向和能力。至于她们的系统化能力,目前也没有相应测试,因此我们不得而知。

一项研究发现,与对照组相比,增生症女孩自认为缺乏对细节的关注(巴伦·科恩认为这一点对系统化至关重要),也没有证据表明增生症导致的高睾酮环境能够提高数学能力——甚至有人认为它会产生负面影响。研究人员对增生症女孩进行了心理旋转能力测试,结果表明她们的成绩优于正常女孩。但也有人指出,这可能是因为她们经常玩些男孩子气的游戏,而不是胎儿期睾酮本身造成的。

在游戏活动中,增生症女孩与其他正常的姐妹确有不同。我们收集了照顾她们的人的报告,也在实验室里观察了她们的行为,这就能够排除父母报告的偏差。与对照组相比,增生症女孩参与男孩子气的游戏或玩此类玩具的时间更长(但比男孩要短),而且她们对女孩子气的玩具和娱乐活动兴趣较小。这种"男孩子气"似乎会持续到青春期。比如,增生症女孩偏向中性化,兴趣不会倾向于男孩和女孩的典型活动(如足球与编制丝结花边),职业选择也是如此(如工程师与职业滑冰运动员)。[78]

这些假小子式的兴趣似乎证明了胎儿期睾酮会改变大脑,使得大脑更容易被特定的刺激吸引,从而导致游戏中的性别差异,并间接导致了职业选择的不同。[79]但略显奇怪的是,还没有研究尝试探明,增生症女孩究竟是被男孩子气的玩具、活动的特性吸引,还是只是因为她们觉得自己一部分其实是男孩。[80]以"学龄前儿童活动列表"为例,增生症女孩在这一测试中表现与男孩更为相似。这一列表包括喜欢玩小汽车还是洋娃娃等问题。但增生症女孩比正常女孩分数更高的原因也可能是不喜欢饰品、漂亮的东西、穿戴女孩子气的服饰、假扮女性角色。另外一项实验(研究对象不同)发现,胎儿期较高的雄性激素会导致个体不太喜欢芭蕾、体操、制作泥塑,或是假扮仙女、女巫、女人、理发师等角色;而是喜欢打篮球,假扮外星人、牛仔、男人、海盗、宇航员等。[81]还有一个关于童年活动的研究中,增生症女性得分和对照组也存在显著差异。量表中的问题包括用不用化妆品和首饰,喜不喜欢有女人味的服装,欣赏或喜欢模仿的电视节目、电影中的角色的性别,穿衣风格偏向男性还是女性。

对于多数在实验室进行的玩具实验,研究人员的测量指标到底是什么也值得怀疑。实验提供的男孩子气的玩具一般包括车辆和建筑,而女孩子气的玩具则是配有饰品的玩偶和茶具[有趣的是,"林肯积木"(Lincoln Logs)原本是最常用的男孩子气的玩具,但最近不得不用其他玩具替代,因为女孩非常喜欢这种玩具]。[82] 但是,如果增生症女孩被吸引是因为空间视觉能力受到刺激,那么她们(和男孩)玩拼图和画板等中性玩具的时间为什么与正常女孩相近呢? 大脑具备什么男性特征,会让个体更喜欢装扮成外星人而不是女巫,更喜欢钓鱼而不是刺绣,更愿意给汽车清洗打蜡而不是成为拉拉队长,或者选择男性而不是女性服装? 上述种种现象会不会只是因为增生症女孩更**认同**男性活动——不管活动的具体内容是什么?

值得注意的是,对早期睾酮和儿童游戏行为的性别倾向的研究——这两者的相关性最为可信(但也不是很显著)——也遇到了同样的问题。比如,一项研究发现羊水睾酮和男孩女孩的典型男性游戏方式都有关;而更早的一个实验则证明,母体睾酮和女孩的游戏行为模式具有相关性。但这两项研究都是用"学龄前儿童活动列表"来评估被试的行为,正如前文所说,这一列表中的很多问题可能与社会规范关系更为密切,而与基本的心理倾向无关。(另外一项采用不同评估方式的研究发现羊水睾酮与游戏偏好没有任何相关性。)[83]

简而言之,我们尚不清楚真相。一位研究者认为:"雄性激素可能会影响能移动的物体的吸引力,因此如果物体或部件能运动,它对男孩和增生症女孩的吸引力可能比对正常女孩大。"但在这得到验证前,我们无法判断真假。如果在玩具偏好实验中,用粉红色小汽车取代芭比娃娃漂亮的服饰,那么增生症女孩玩娃娃的时间会比正常女孩长吗?这应该能根据大脑构建假说进行预测。那么增生症女孩会更喜欢能推来推去的婴儿车而不是不能动的救火车吗?兽医等行业中男性比例的变化完全不会影响增生症女孩的职业兴趣吗?

或许如此。但还有一种可能:增生症女孩被吸引是因为社会将那些事物归为男性的。30年前,灵长类动物学家弗朗西斯·伯顿(Frances Burton)提出了一个引人注目的观点,使人们开始从全新的角度分析增生症女性的有关数据。她认为,**胎儿期睾酮的作用是使灵长类动物更容易接受社会中其性别固有的行为模式**(下文会说到这个假说的依据)。正如梅利莎·海因斯所说,这增强了"个体的灵活性","不管行为模式怎么变化,这个物种的新成员都能形成与性别匹配的行为模式。这种激素机制将物种从天生的男女性设定中解放出来,他们能够根据环境变化调整个人行为,从而在社会中找到立足之地"。

　　然而,海因斯认为这不是两性玩具偏好不同的全部原因。因为,猴子也有类似的性别差异。

　　海因斯曾与杰里亚那·亚历山大(Gerianne Alexander)合作进行研究。在实验中,她将 6 个玩具依次放入黑长尾猴的围栏中。玩具包括 2 个男孩子气的玩具(警车和球),2 个女孩子气的玩具(洋娃娃和玩具锅),2 个中性玩具(图画书和毛绒玩具狗)。他们记录了每只猴子玩每个玩具的时间,并计算出其占总时间的比例。雄猴和雌猴玩中性玩具的时间均为 1/3,雄猴玩其他两种玩具的时间也是各占 1/3,而雌猴花在女孩子气的玩具上的时间则长于男孩子气的玩具。[84] 顺便说一句,要是你觉得很奇怪,为什么玩具锅会是女孩子气的玩具,那你并不是例外。尽管灵长类动物学家在不断发现人类近亲的新技能,但加热食物还不在其列。

　　弗朗西斯·伯顿告诉我,在观察猴子的漫长职业生涯中,她还没发现会加热食物的猴子[85](这使阅读本章的学者不由得会提出更一般性的问题:人类的玩具对小孩子和不熟悉它们的猴子,含义是不是相同,我们完全不知道)。那接下来的发现更值得关注,研究者对刺激物重新分类,比较了猴子玩有生命的玩具(狗和洋娃娃)和无生命玩具(锅、球、汽车和书)所用的时间,发现没有任何差异。

　　6 年之后,另一组研究人员研究了猕猴对玩具的偏好。该研究有两点不同。第一,为了探究玩具偏好的男女差异的本质原因,他们选择了能移动的有轮子的玩具和会让人有照顾倾向的毛绒玩具(至于毛绒玩具是不是真的能促使游戏者模拟照顾他人的行为,目前还不清楚。曾有实验因"毛绒玩具被撕扯成数块"，而不得不中止）。第二，研究人员让猴子在两种玩具中立刻进行选择——他们将两种玩具同时放入围栏，这能更好地测定其偏好。他们发现，雌猴对带轮子的玩具和毛绒玩具一样感兴趣，玩第一种玩具的时间也与雄猴接近。然而，雄猴却更偏爱有轮子的玩具。[86]

这两个研究略有些矛盾，我们要如何看待其中微妙的性别差异呢（实验数目似乎过少，还不足以得出确定的结论来说明人类的天性）？我们也许能做出如下总结：不同性别的猴子对毛绒玩具和移动的物体同样感兴趣，不过在雄性看来，可爱的洋娃娃吸引力略逊于能动的玩具（让人不解的是，雄性猕猴和男孩似乎都不讨厌毛绒玩具）。这对我们研究人类和孩子的玩具又有什么意义？

人们认为，这两项研究有力地证明了"男女天生偏爱不同类型的玩具"，也证实了"男女固有的活动偏好会影响儿童对物体的选择"，这两点"给'文化因素导致男孩偏好相似'这个观点致命的一击"。然而，我们真能肯定地说，正常情况下只发生在男性胎儿期的高睾酮水平，导致了个体更喜欢会动或是能刺激视觉空间能力的男孩子气玩具，而不喜欢与婴儿或照顾他人有关的玩具？这两种影响彼此独立，但当你比较被试对两种玩具的兴趣时，又很难将其分开讨论。虽然雄性猕猴选择了有轮子的玩具，但是，实验没有提供中性玩具，所以我们不知道雄性猕猴是被能动的东西所吸引，还是仅仅因为更讨厌毛绒玩具。毕竟在第一个实验中，它们玩球、玩小汽车，与玩中性玩具或是女孩子气玩具的时间是一样多的。

所以说，两个有关猴子的实验都不能有力证明雄猴天生喜欢能动的物体。研究人员需要探明，男孩子气的玩具的哪些特质吸引了雄性大脑，然后验证雄猴是不是比雌猴更偏爱有这种特质的新玩具。

那么，胎儿期睾酮水平比较低，会让女性天生对照顾他人的游戏更感兴趣，这个观点又怎么样呢？

这种说法令人信服，尤其是考虑到增生症女孩对婴儿和洋娃娃全无兴趣(有趣的是，她们却喜欢宠物)。[87]唯一的问题是，研究发现，胎儿期睾酮水平并不影响猕猴对幼猴的兴趣。一些雄性的幼猴还在子宫里的时候，妈妈被施用了雄性激素受体拮抗剂，这些小猴的激素环境更接近雌性，但它们与对照组雄猴一样对婴儿没有兴趣。更重要的是相反的情况，一部分雌猴还在子宫里时，妈妈接受了睾酮注射，但这些小猴与对照组雌猴一样喜欢婴儿。需要指出的是，研究者发布了这些令人意外的结果，因为没有证据表明小猴因性别不同而在抚养过程中被区别对待，他们只能"不情愿地排除了胎儿期激素环境"对两性猕猴喜不喜欢婴儿的影响。[88]然而，我们有理由认为，他们本来不需要这么"不情愿"的。

弗朗西斯·伯顿指出，与人类一样，灵长类动物社会中两性也有不同分工，寻找食物、抚养后代、带领种群迁徙、保护种群、使整个种群团结一致。但不同物种，甚至同一物种的不同种群间，都有不同的规范。比如，有的种群中，雄性完全不参与抚养后代，有的却与后代关系亲密。有些野生日本猕猴的种群在迁徙季节，"成年雄猴与幼猴十分亲密"；雄猴会保护、照料一两岁的幼猴。但在日本其他地区该物种的一些种群中，这种关系就不怎么亲密甚至完全不存在。伯顿在直布罗陀观察另一种猕猴（地中海猕猴）时，发现在很多种群中雄猴都会照料后代，而且持续时间长。事实上，在这样的群体里，雄猴照顾幼猴的行为十分重要，"年轻雌猴必须远离雄性幼猴，以使它们学会扮演自己的性别角色"。但在该物种位于摩洛哥的分支中，雄性的照料就没有这么重要了。

伯顿指出，虽然同一物种的"激素分泌情况相同"，但不同种群内照顾后代等社会分工却"没有统一的模式"。有时两性都会参与，有时却只有一方承担。"如果是激素决定了两性分工，那在不同种群中两性角色应该相同。但情况不是这样。"除此之外，雄性灵长类动物照顾后代的可能性，似乎并不会因胎儿期睾酮而减弱或消失。另一位灵长类动物学家威廉·梅森（William Mason）则指出，"婴儿期就会出现双亲行为模式，而且这个模式在两性个体中表现相同、持续终生"。但是，对婴儿的兴趣很快就变得不同了。1岁的猕猴对待婴儿还没有性别差异。到2～3岁时，雌猴触碰、拥抱、照料、抚摸婴儿的频率会高于雄性，而且更容易与婴儿建立亲密关系——即使胎儿期被注射了雄性激素的雌猴也是这样。[89]或许，我们得为增生症女孩不喜欢婴儿和洋娃娃另寻原因了。

为什么日本高崎山的雄性猕猴会照料幼猴，而它们位于胜山的同类却对幼猴漠不关心？或许作用于外生殖器的胎儿期睾酮，能够解释灵长类婴儿怎么学习种群内的行为规范。猴子对新生儿

的生殖器十分感兴趣,它们可不能看看床头绑的是粉色还是蓝色气球来分男女,它们会采取更直接的方式来寻找答案:

> 在大部分的猴群中,新生儿都有很大的吸引力:所有成员都匆匆赶来,试图通过抚摸、拥抱、嗅、舔舐等方式表示自己很感兴趣。通过这些视觉和嗅觉刺激,新生儿的性别显露无遗。

猴子只是对这个新生小猴的性别感兴趣吗?认为其他灵长类动物群体中也有性别分工,这就像把"嘲笑我吧"的纸条贴在人家背上一样。但是,弄清并记录别人是什么性别、自己是什么性别,这一点对维持灵长类社会的两性分工是不是有重要作用?伯顿在研究直布罗陀地区的猕猴时发现,雄性首领与新生儿关系密切——嗅、舔舐、抚摸、轻拍、拥抱、吱吱地叫,还鼓励新生儿学步。有趣的是,当雄性首领照顾幼儿时,会有快要成年的猴子跟在它身后模仿——不过只有雄性,然后这些雄猴自己也会开始照料幼猴。在第三章我们会讲到,小孩子常常会驱使自己参与社会化过程,融入所属的性别角色。不需要爸爸妈妈的鼓励,他们就会被和自己性别相关的东西和行为所吸引。小孩子从 2 岁起就清楚地知道自己的性别,这种最初的性别意识是不是也会驱使其他灵长动物进行自我的社会化?海因斯和亚历山大最近提出这样一个问题:"如果训练一部分单一性别的生物来使用某种东西,那么这个性别的其他个体会模仿他们吗?"

如果对人类性别差异感兴趣的研究者,更多地开始关注上面的问题,也就是承认其他灵长动物社会中,也需要学习各种规范,答案或许会出乎我们的意料。

多年来,人们关注的焦点始终集中于睾酮、雌激素等成人的性别差异。这些在体内不断循环、影响人类认知的性激素,是不是也是性别不平等的原因呢? 很多人不假思索地回答"是"。可惜,正如海因斯在回顾这类研究时所说:"人们认为是有影响,但是证据并不是都指向这个结论。"仅举一例,既有研究表明高睾酮水平与心理旋转能力呈正相关,也有实验证明两者呈负相关或无关。史蒂文·平克也认为相关文献"各执一词"、"相互矛盾",不过他仍然相信可以从中"得出一定的结论"。

因此,胎儿期睾酮似乎已成为科学领域性别不平等的解释之一。

2005 年,在一个关于科学工程领域职工多元化的会议上,时任哈佛大学校长的劳伦斯·萨默斯(Lawrence Summers)提出,总体来说,女性或许天生缺乏承担高水平科研工作的能力,这一说法引起了巨大争议。"胎儿期睾酮"一说被搬来救场。史蒂文·平克在《新共和》(*The New Republic*)杂志上撰文,提醒愤怒的公众,性激素变化,"尤其是出生前的性激素变化,会使男女典型的认知模式和个性间的差异加剧或减小"。西蒙·巴伦·科恩则在《纽约时报》上指出了胎儿期睾酮、两性大脑以及认知能力之间的关系。他还援引康奈兰的新生儿实验,指出其发现男孩对小汽车的注视时间更长,证明了萨默斯的观点,即两性科研能力天生不同。加拿大研究人员多琳・基穆拉(Dorren Kimura)也在《温哥华太阳报》(*Vancouver Sun*)上声援萨默斯,因为"两性胎儿期性激素水平的差异会影响其成年后的多种表现。这些影响包括智力和认知水平,特别是一些与空间有关的能力,例如对物体进行心理旋转、操纵可视物体等"。

　　然而,我们已经看到,正常人群中较高的睾酮水平,并非一定会指向较好的心理旋转能力、系统化能力、数学能力、科学能力或是较差的思维解读能力。康奈兰的新生儿实验存在严重缺陷。对增生症女孩以及其他灵长类动物的研究,乍看上去似乎表明了两性对玩具的偏好天生不同,实际上不过是混淆了男女大脑的偏好和社会赋予他们的兴趣。平克抱怨说,男女的固有差异这个"禁忌"使"值得赞美的事业(现代女权运动)与科学发现相冲突,而这本来是没有必要的"。这一说法使人不禁感到讽刺,在我看来,这种冲突还未出现。

　　但我们依然要解释不平等现象发生的原因,必须深入到大脑内部。

1915 年，著名神经病学家查尔斯·L. 德纳（Charles L. Dana）博士在《纽约时报》上就女性投票权发表了学术观点：

> 男人和女人的骨骼、神经系统存在重要差异。女人的脑干体积较大；大脑皮质和基底神经节较小；上部脊髓较小，控制骨盆和四肢的下半部分则大得多。这些结构差异必然会引起男女其他方面的不同。我并不是说女性因此不能参与投票，但这意味着女性永远不能像男人一样，它还说明女性确实有特殊的才能，但这种才能不在于政治倡导力，或是社区司法机关之中。这个问题终会有定论，但没有人能否认，男性 O. T. 和 C. S. 的平均重量为 42，女性则为 38，换言之，两者骨盆带存在显著差异。

但时间没有证实德纳博士的观点，即与政治倡导力有关的神经回路，就位于脊髓的上半部分。人们甚至也没有找到 "O. T." 和 "C. S." 在神经系统中的具体位置，但我确信判断力肯定与男性多出的那 4 个单位无关。但在当时，这个论点看上去似乎很有道理，还刊在了《纽约时报》上。谁知道呢，也许它还左右、至少是加深了关于女性投票权的争论。

现在，我们很容易辨别出这种结论的歧视色彩。即使一个假说式微了（脊髓与骨盆的关系？你真觉得这两者有关吗？），其他假说又会取而代之。

　　19 世纪中期,人们根据观察所得,开创了性别差异的神经学研究。耶鲁大学科学史学家辛西娅·拉西特指出,维多利亚时期,科学家与医生的研究成果是反对赋予女性投票权和接受高等教育权的"重要依据"。当然,与前人相比,他们已经有进步了。比如,过去有人认为"面部倾角"就可以证明女人天生比白种男人笨。一个18 世纪晚期的专门测量面部垂直度的专家说过:"连普通人都知道,愚笨与鼻子的长度有关。鼻子越长,面线也会越低。"

　　这种测量对女人十分不利,结果表明她们与一些"原始"、"低等"的物种一样,面部不够垂直。然而,没过多久,这种粗略的测量指标就被抛弃了,取而代之的是更为精密的颅指数,即颅骨的长宽比。颅指数一度被看成智力水平的有效指标,但后来研究表明,女性等"低等"社会群体的头部形状与高等群体并没有显著差异,于是人们不得不放弃了这个指标。再后来,人们又认为女人智力不高是因为她们的大脑体积较小、重量较轻。但事实证明,一个人也可能脑重小但智力高(或者相反),人们只能再放弃这一假说,脑科学研究转向了与女人智力低下相关的神经学因素。

　　维多利亚时代的脑科学家用卷尺和磅秤,现在这些工具被强大的神经影像技术取代,但这段历史仍然能给我们启示。先进的大脑扫描仪使人看到了脑部结构及其工作情况,这是前所未有的。但不要忘记,将卷尺缠绕在头上也曾被视为先进、精密的研究方法,我们要避免重蹈覆辙。我们将在下文看到,尽管在一些畅销评论家笔下,要解读脑部的男女差异似乎不费吹灰之力,但脑部的复杂性决定了这是一项艰难的任务。性别差异研究中最重要、或许也是最出人意料的课题是，**分辨哪些差异是真实的，哪些则是"颅指数"，开始看起来很有影响，流行一时，但并不是真相。**

在心理学的统计术语中，$p$ 指两个群体间（如性格内向和外向的人、男人和女人）的某种差异属于偶然现象的概率。一般来说，如果概率小于等于 1/20，心理学家就会认为两群体间这种差异是"显著的"。任何领域的研究都可能将偶然现象作为显著性结果，性别差异研究尤其如此。

比如，假设你是一位神经学家，你的兴趣点在于大脑的哪个结构和思维解读有关。于是你招募了 15 个人来做实验，要求他们猜猜照片中的人的情绪，并用扫描仪进行扫描。因为被试中有男有女，你很快地看了一遍结果，想确定哪两组人脑部反应相同。确实如此。接下来呢？你很有可能发表了研究结果，没有提到实验对象的性别（除了两性参与者的人数）。你肯定不会将论文题目写成"与思维解读有关的神经回路不存在性别差异"。这很正常。毕竟，你本来就不是要找性别差异，而且男女人数都不多。但记住，即使总体而言，两性在该测试中反应相同，但仍有 5% 的实验会得出性别差异"显著"的结论。

海因斯解释说，关于性别差异，"人们很容易就能开展研究，也经常进行评估，但并不一定都会把结果发表出来。因为发现了不同的东西才更有趣,可能19个研究没有观察到性别差异,也没有发表报告,但20个研究中唯一一个发现不同的却很可能发表结果"。这就是所谓的"文件柜现象",也就是,发现了性别差异的研究发表了,其他的报告则躺在研究者的文件柜里不为人知。

性别差异的神经影像研究当然也无法避免这个问题。有一点必须注意,扫描图上的色块未必显示了真实的脑部活动。尽管fMRI(功能性磁共振成像)和PET(正电子发射断层扫描)似乎能让你看到大脑运转的瞬时图像[或者像畅销作家艾伦(Allan)和芭芭拉·皮斯(Barvara Pease)所说,"在电视屏幕上看到大脑运转的实时画面"],其实不然。一位神经学家说:"遗憾的是,这些漂亮的图片掩盖了香肠工厂的真实情况。"fMRI并不直接测量神经活动,而是使用了一种替代指标——血氧变化(PET使用的则是放射性示踪同位素,附着在葡萄糖或水分子上,间接追踪血液流动情况)活跃的神经元需氧量更大(开始血氧会下降),血液流向这些区域,带来更多含氧量高的血液。红细胞中的血红蛋白负责输送氧气,其携氧量会改变自身的磁性。这能够转化为扫描仪内的信号(开关磁场)。

神经学家比较的是,在目标任务、对照任务、静息状态下的脑部区域血液流动情况(理想状态下,对照组要完成实验组的所有任务——按按钮、阅读等,但不会产生你想研究的心理活动)。研究人员会检测两项任务中多个脑部区域的血流差异,如果测试表明差异显著,就会在脑部图像的适当位置染色。

换句话说,这些色斑,呈现的是很多复杂分析过程的最后阶段的统计显著性——这意味着在神经影像研究中,有很大的空间来产生虚假的性别差异。很多研究的被试有男有女,研究人员可以核查是不是有性别差异,但如果没有,他们可能不会在报告中提到这一点。另外,影像技术成本高昂,所以普遍来说,只有很少的人能参与实验;但很小规模的神经影像研究并不可信,因为微小变量(如呼吸频率、咖啡因摄入量,甚至女性的月经周期)就能改变影像信号,但这些变量并不会影响人的行为。作为尚未成熟的新技术,神经影像技术也有新生事物独有的困难。学界对怎样进行统计分析还存在争议,当然分析本身没有任何问题。不过,目前神经影像研究者发现,"大脑活动的性别差异"还没有经过充分的统计检验,分析方法本身会影响结论(是不是有性别差异),这个结论不能推广到其他相似的实验中,也不能拿来证明大脑活动有性别差异就能"揭示"随机群体也有差异(划分标准包括性别、实验表现和明显的人口统计学指标)[90],这让人很困惑。基于上述原因,我们不能太过相信某个研究发现的性别差异,而应该寻找有持续性的模式,这一点非常重要。

考虑到诺尔曼·格施温德等人提出的"不粘锅"式理论的影响,这一点的重要性更是不言而喻。你应该还记得,他们认为胎儿期较高的睾酮水平使得男孩的大脑中,左半球发育不如右半球。这意味着,平均来说,男性大脑单侧发展(或专业化)程度比女性高。也就是说,男人嘟嘟囔囔地应付交谈时用的是萎缩的左半球,而处理视觉空间刺激时则依赖于较大的右半球。相反,女性的大脑单侧发展程度应该较小,她们在完成语言和视觉空间类任务时,会同时使用大脑的两个半球。

这可不是像"你说是土豆,我说是马铃薯"这种无关紧要的事,科学界并不这么觉得。这种专业化结构应该增强了男人在某些视觉空间类任务中的优势。相反,女性大脑的处理方式则是——"左? 右? 嘿,是左右开弓",这可能是她们语言能力比较好的原因,因为她们可以更容易地整合起大脑不同区域处理的信息。但另一方面,她们处理空间信息的区域则比较小。这应该和语言、空间能力神经回路之间的竞争有关。两半球发展平衡的女性大脑中,连接两个半球的神经束——胼胝体也应该更大。这个更发达的胼胝体(特别是被称为压部的结构),能使两个半球之间的联系更快、更高效。[91]

科学界(至少是部分)与男性大脑单侧发展程度更高这个理论间的关系,很是有趣。有点像是妻子下定决心要忽略那些说明她丈夫鬼鬼祟祟、不可信赖、一文不值的迹象,而不是要夸大他偶尔表现出的可靠行为。20 世纪 80 年代,很多研究人员都指出其中存在严重缺陷,1986 年鲁斯·布莱尔写道,"甚至研究大脑单侧性和两性认知差异的两位领军人物提出的强力批评,也没能阻止该领域如潮的研究"。[92]

有了影像技术,研究人员们可以更好地支持这种假设了。然而神经学家艾里斯·萨默(Iris Sommer)等人指出,尽管新技术振奋人心,但实验数据仍然不具有可靠性。萨默等人对语言单侧性的功能影像研究进行了(两次)元分析。❶ 第一次元分析(2004年)综合了 800 位实验参与者的数据,2008 年第二次元分析则涉及 2000 多位参与者。他们在两次元分析中都没有发现"显著的语言单侧性性别差异"。[93] 有趣的是,他们还发现,那些观测到了性别差异的实验,样本数量普遍较小。萨默等人认为,这也许正是文件柜现象,即人们倾向于发表小规模研究得到的偶然性结果。

萨默还分析了研究语言单侧性差异的早期方法。

大脑的左半球处理右耳传入的声音信号,右半球则相反。如果男人更倾向于用左脑处理语言信息,那么他们应该会觉得,从右耳传到左半球的话更容易处理(这种现象被称为右耳优势)。但萨默等人对近 4000 位实验参与者的数据进行元分析后发现,男女的右耳优势没有差异[94](增生症女孩胎儿期的高浓度睾酮并没给她们带来更大的右耳优势)。另一个方法是研究左半球或右半球受到的击打损伤分别对男女的语言能力产生什么影响。早期研究表明,男性大脑左半球受到损伤后更容易出现语言障碍(失语症),但后来更大规模的研究则没有发现这种现象,包括了 1000 多名病人的哥本哈根失语症研究也不例外。萨默斯指出,如果女人也用右

---

❶ 元分析是对某个问题所有相关研究进行综合分析的统计方法,它会考虑各个研究的规模,以更准确地掌握经验性观测的整体情况。

半球处理语言信息,那么右半球受到损伤后,她们遇到语言障碍的几率应该比男人更大。但事实不是这样。[95]

那么男人处理语言信息时单侧程度真的更高吗?现在还不清楚人们为什么会这样认为。但即便如此,这似乎对男人也没有什么危害。最近有研究人员称两性语言能力的差异其实并不存在。[96]

女性胼胝体较大一说根据不足,但也引起了激烈争论。[97]布朗大学生物学教授安妮·福斯托·斯特林(Anne Fausto-Sterling)对这个观点进行了深入研究并提出批评,她在《性别鉴定》(*Sexing the Body*)一书中讲到确定脑部特定结构的体积非常困难。1997年,凯瑟琳·毕晓普(Katherine Bishop)和道格拉斯·瓦尔斯腾(Doughlas Wahlsten)通过元分析得出结论:"人们普遍认为,女性的压部较大,因此思维方式也不同于男性,这种说法是站不住脚的。"认知神经学家米克尔·瓦伦廷(Mikkel Wallentin)在 2008 年对相关文献进行综述时指出:"所谓两性胼胝体大小不同是一个错误的看法。只要看看使用小样本时'发现'所谓差异的概率就可以了。"

现在,让我们保持合理的怀疑态度,尽可能清晰地总结。胼胝体不存在性别差异,因此语言单侧性也不存在性别差异,人们普遍认为这是两性语言能力相同的原因。

没有看懂?

我们才刚刚开始。

如果试图证明男人完成视觉空间类任务时大脑单侧程度更高，一切会更复杂。一些神经影像研究发现，男人的大脑中，与这种过程相关的顶叶区域只有一侧比较活跃。但还有研究证明男女的表现相同，或女人的脑部一侧活动更频繁。[98]

女性的"漫光式"大脑处理信息时能调动两侧半球，男性"聚光式"大脑处理信息时则集中于某一半球内部。这种对比变化多样、无处不在。比如，有一种普遍说法是"科学与数学领域的性别差异"，就把女人的"大脑两半球间的连通性"和她们的语言优势关联起来；同时认为男人的大脑半球内部的连通性，则让他们"擅长一些要求视觉皮层局部活跃的任务"，即视觉空间类任务。

西蒙·巴伦·科恩也认同这种漫光式/聚光式的对比。在《科学》杂志刊出的一篇论文中，西蒙等人试探性地提出，男人的大脑"局部连通性更高"，所以他们能更好地理解、构建系统。相反，女人的大脑偏向于"长距离"的"两半球间的连通"，于是她们更适合共情。

宾夕法尼亚大学精神病学教授鲁本·古尔（Ruben Gur）创造了漫光式/聚光式的比喻，他对《洛杉矶时报》（*Los Angeles Times*）的记者说，脑科学告诉我们，"身处压力较大、让人困惑的多任务情境中时，女性能交替审视细节和更有逻辑性、可分析性的整体局面"，而"男性则会以'观察/行动、观察/行动、观察/行动'的方式解决问题"。这种应对多任务难题的表现差异，或许能解释为什么古尔的妻子兼合作者拉克尔·古尔（Raquel Gur）博士能担负起为饥肠辘辘的一大家人迅速准备好饭菜的重任。古尔能做好一份沙拉，"但是，"他说，"我没法兼顾微波炉和煎锅里的东西。如果我来做饭，肯定会烧焦点东西。"或许，跟那堆可怜的食品一起烧焦的，还有古尔太太期待有人能替她做饭的希望。

有了科学理论的支持，畅销作家会选择这些观点大书特书也就不足为奇了。迈克尔·古里安的古里安研究所为教师、家长和公司提供培训课程，他在这方面的精确量化让人印象深刻，他向教育者宣称"男孩大脑中有较多的皮质部分，专用于空间—机械类功能，因此平均来说，他们用于语言—情感类机能的脑部空间仅为女孩的一半"。同时，艾伦和芭芭拉·皮斯则将单侧性假说发展到极致，他们在《为什么男人不愿倾听，女人不会读地图》(*Why Men Don't Listen and Women Can't Read Maps*)中提出，女性大脑处理空间类信息的区域不集中，甚至不具备"与空间能力有关的特定区域"——这恰好给出了书名中第二个问题的答案。正像某些学者说的，所有的性别刻板印象都可归结于脑半球使用方面的性别差异，这听起来颇为科学，既然这样，那何必光讨论语言和视觉空间能力呢？比如说，女人的语言能力涉及大脑两个半球，很快就变成女人具备直觉和同时处理多任务的能力的基础；而男人呢，约翰·格雷在《为什么火星会撞上金星》(*Why Mars and Venus Collide*)一书中写道，大脑活动集中在局部，甚至能解释他们为什么总是忘记买牛奶。

男人们粗心轻率，女人们心理旋转能力不佳，现在终于找到了神经学解释。人们沉浸在兴奋之中，没有注意到脚下的经验依据已经发生了改变。他们也忘记了一个重要问题：为什么单侧性大脑（产生聚焦式思维）会擅长传统的男性活动？为什么连通性大脑（形成漫光式思维）则长于传统的女性活动？这将我们引向解读脑部性别差异遇到的第二个问题：对思维来说，这意味着什么？

## 第六节

## 谁在欺骗大脑,大脑又在欺骗谁?

女性的平均脑重比男性轻 5 盎司,仅仅基于这一解剖学的证据,我们就能预计前者智力低下。另外,女性体格一般都不如男性强健,因此不能承受长时间或高强度的脑力劳动,基于这些生理学原因,我们也能得到相似的结论。事实上,我们发现这种劣势主要表现为缺乏创造力,尤其是在高层次的智力工作当中。

——进化生物学家和生理学家 乔治·J. 罗姆尼斯(George J. Romanes,1887)

让人高兴的是，数据可以证实一个预言准不准。

乔治·罗姆尼斯有没有考虑到，非洲灰鹦鹉（脑重不足 0.5 盎司）可能比脑重是它 30 多倍的母牛更聪明？难道他认识的人中就没有瘦弱的聪明人或是大块头的笨蛋，能使他怀疑体力和脑力的耐力是不是真的有关？或许，脑科学家们精心测量了男女的头部尺寸、头盖骨体积和脑重，那他们当然想把结果和男女的心理差异联系起来。但事后看来，他们缺乏的不仅是神经学知识，还有谦逊。他们自信地宣称，两性思维能力的差异可以用卷尺、粮袋和磅秤衡量，想要礼貌地评价这种观点，唯一可以用的词大概是"乐观"了。

如今，我们能通过更精密的技术观测大脑的性别差异，而且像以前一样兴致勃勃地把这种差异和思维联系起来。"希望长在，"福斯托·斯特林不无嘲讽地说道，"现在有了真正现代化的新方法，我们是不是终于能指出性别或种族不平等的生理原因了？"神经内分泌学家海尔特·德弗里斯（Geert de Vries）也说，人们根据直觉认为，男女的大脑不同，所以才会有不同的行为模式。观测到了激素受体、神经元密集度、胼胝体大小、灰质与白质的比例，还有大脑区域体积的差异后，人们会本能地寻找相对应的心理差异。**但一个有悖直觉的可能性是不能忽略的——大脑的不同也许"起到的作用恰恰相反，也就是说，它们抵消了其他生理差异，从而让男女的外在功能或行为模式相同了"。**比如，大脑某个区域神经元数量较少，但可以通过单个神经元产生更多神经递质来补偿。

这个脑部差异反而导致行为相似的理论,有个经典例证——草原田鼠。在抚养后代方面,它们的两性个体贡献相同(当然,哺乳除外)。雌鼠的抚养行为由孕期的激素变化引发。这留下了一个谜团:雄鼠并没有经历这种激素变化,它们为什么也有抚养行为呢? 答案在于大脑中被称为侧膈的结构,它与触发抚养行为密切相关。雌鼠和雄鼠大脑中的这个结构明显不同,雄鼠的侧隔中有大量后叶加压素的受体,但是这个显著的差异却让两者表现出相同的行为。我们不能假定,脑部的性别差异一定会导致思维不同。西莉亚·摩尔指出:"一些神经结构的差异无关紧要,它们会被其他差异抵消。一些不同的神经结构可能会引发相同的行为。"[99]

男女身上,有一项不可否认的生理差异——大小,包括脑部的大小。虽然一些男女大脑体积相同,但平均来说,男人脑部略大,而且这不仅仅是体积按比例增大,还包括很多技术性问题,用来满足能量、神经网络和通信时间的要求。生理因素决定了体积不一样大的大脑,结构也不同。从这个角度看,"男女虽然神经系统规格不同,但也会遇到相似的认知问题"。大脑能通过多种方式达到同一目的。最近对脑部结构的研究也证实了这一点,它们指出胼胝体较大或灰质相对大脑总体积较多的并不是女人,而是那些大脑较小的人,无论男女。一组研究者认为:"重要的是大脑体积而不是性别。"[100]目前还没有测量大脑体积的标准方法,不过这个理论一旦得到证实,我们还要比较脑袋大小不同的人的空间、共情能力的话,最好放弃用灰质、白质、胼胝体大小等所谓的脑部结构的性别差异来解释男女心理的不同,因为事实证明,是**大脑体积决定了结构差异,和性别没关系**。

有人会暗地里松一口气。这不仅是因为那些性别差异可能会随时间、地点和环境而加剧或减小,还因为,想把这种差异和心理机能联系起来,本身就无异于空中楼阁。神经学家杰伊·基德(Jay Giedd)等曾指出:"多数脑部机能产生于广布的神经网络,随意划一个区域,都会涉及极其复杂的连接、神经递质系统和神经突触的作用。"

但有时这种空中楼阁似的诱惑让人难以抗拒。

20年前,我妈妈提出了一种神经模型来解释为什么有些头脑特别擅长深度思考。她认为:"你大脑中所有的血液都涌到聪明的末梢,而基部却没有血液让它们保持活跃状态。"顺便提一下,我妈妈是个小说家。这个观点来自小说里夫妻间刻薄的辱骂,却和权威科学期刊上的假说犯了同一个错误。上文提到的西蒙·巴伦·科恩等人在《科学》杂志上撰文指出,局部连通更强大的大脑"具有较强的系统化能力,因为系统化意味着,把精力集中在局部信息以理解系统的每一个部分"。神经学家鲁本和拉克尔·古尔也在新作《为什么更多女性无法跻身科学界?》(*Why Aren't More Women in Science?*)中提出猜想:"女性大脑半球间的通信能力较强,一些要求整合信息而不是关注细节的学科可能更吸引她们。"

但我们也许会问,为什么大脑中比较短的神经回路会让思维聚焦?

　　麦吉尔大学科学哲学家伊恩·戈尔德(Ian Gold)认为:"可以
这么说,毛发浓密,头脑糊涂。或者说,人类之所以能够集中精力,
是因为大脑使用的是生物电。"比如,想想你专心研究光合作用的
某一环节时的情景。因为处理的是个小细节,就只有一小部分大
脑参与其中吗? 或者更有可能的是,当干扰性信息被抑制住了,你
就可以调动大脑各个区域来形成自己的观点、提出问题、处理视觉
刺激、想象光合作用的过程或是回忆相关信息?

　　事实上,如果是男人大脑中的连接更长,我们很可能会提出另
外一个假设,一个听上去也很有道理的假设,来解释为什么它可以
增强男人的系统化能力。这就是问题所在:大脑结构和心理机能
的关系让人困惑,解释起来可以非常灵活。你发现男人解决空间
类问题的时候,其实更少依靠单侧脑半球? 别担心! 要是有相反
的证据出现,研究人员会把这两个假说都摆出来:男人擅长心理旋
转是因为他们只使用单侧脑半球,以及完全相反的解释——男人
的这个优势是因为他们同时使用两个半球。研究人员的理论分析
之灵活,甚至会在同一篇论文中毫不犹豫地引述两个完全对立的
假说。

　　而用单侧脑半球进行空间分析的优势,古尔等人还在欣然继
续着修补工作。他们发现,两个空间类测试的成绩都和大脑联通
的白质有关。

　　由轴突构成的白质,被有绝缘性的白色脂肪髓磷脂包裹着,所

以可以快速传递电信号,连通大脑中距离较远的部分。"看看我们的研究中空间类测试成绩最好的人……9个男人,只有1个女人,"古尔接受《科学日报》(*Science Daily*)采访时说,"这9个男人中,有7个人(其实应为6人)白质比参与实验的所有女性都多。"在此我们讨论的只有10个人——这个样本数量不足以得出关于两性的概括性结论。心理学家也十分清楚,将相关性与因果关系等同是件危险的事情。

古尔也在这篇文章中提醒道:"相关性也可能并不存在,解读时必须十分谨慎。"[101] 考虑到有1/20的可能性是偶然结果却被错认为"显著",而且研究者测试了36种关系,这确实值得怀疑。有人会觉得,不值得向公众提出这个警告吗?但除此之外,古尔还在《科学日报》上指出:"要想在这一领域表现出色,一个人需要的白质要多于大多数女性的拥有量。"古尔夫妇撰写了《为什么更多女性无法跻身科学界?》一书的部分章节,他们在书中紧承这个观点进一步提出:"处理复杂的空间类信息需要具备大量白质,这可能是女性在一些数学、物理分支中止步的原因。"他们认为,较多的白质增强了男性大脑半球内部的处理能力。

再回到fMRI实验室,古尔夫妇等人还发现,完成空间类任务时,男性大脑部分区域两半球间的联系要比女性多。于是他们"重新论述"了聚光式假说:"要想表现优异,那么主要区域的活动必须集中在单侧脑半球内部,左半球负责语言类任务、右半球完成空间类任务,但是,辅助性区域的活动则要涉及两个半球。"强调两个脑半球的共同参与,在这点上也许他们做得没错。有趣的是,一些科学家研究了有数学天赋的人后提出,他们的特征正是两个脑半球的高度配合,而人们原来以为这是女性大脑的特点。也许,在我们真正弄清大脑结构与认知之间的复杂关系之前,古尔夫妇会一直坚持这个不需费力证明的假说,也就是,要想在各方面表现成功,需要的正是男性大脑的特点。[102]

这种理论的反例一直困扰着类似的神经学研究。比如,19世纪人们认为与智力相关的区域位于额叶,对男女大脑进行仔细研究后,科学家指出男人的这个结构体积更大、结构更复杂,而女人则是顶叶更发达。然而,当科学界转而认为顶叶与抽象思维能力有关时,观测又表明男人的顶叶发育更完善。哈夫洛克·埃利斯(Havelock Ellis)对此有着独到的见解,19世纪末他对性别科学进行了全面综述,指出早期这些错误的观测是"不可避免的":

> 额区与抽象的高级智力活动有关,这一观点根深蒂固,如果一个解剖学家研究了十几个大脑后,发现女性的额区较大,他很可能会觉得自己的结论太荒谬。事实上,猿猴的额区比人类更大,额区与高级智力活动也没有什么特殊关系。也许在这些事实广为人知后,人们才会承认女性的额区相对较大。

随着新证据的出现,人们不断改变想法,这当然没什么错。但那些不由自主地声称大脑结构差异导致了男女的思维方式大不相同的人应该意识到，理论的逆转正是这个过程的一部分。事后我们会发现，这看起来可不怎么样。

　　解读男女的大脑活动差异同样得小心谨慎。fMRI 促进了神经学的发展，给性别偏见的陈词滥调又注入新的活力。例如，艾伦和芭芭拉·皮斯在《为什么男人不愿倾听，女人不会读地图》一书中，似乎证明了男女处理情绪问题的大脑区域，也有显著的大小差异。

　　"男人的情绪"大脑简图显示，大脑右半球有两个色斑。文中解释道，男人的情绪完全独立于其他心理机能，也就是说"男人可以在进行逻辑和语言方面的争执（左脑）后，立刻转向空间类问题（右前脑），而且处理时不带有任何情绪，就好像情绪待在专属的空间内"。但在"女人的情绪"一图中，则有十几个色斑散布于大脑的两个半球中。皮斯说，这意味着"女人的多数大脑机能都会触发情绪"。或者更直接地说，情绪会影响女人的所有心理活动。

　　皮斯告诉读者，绘制这些大脑情绪简图，是基于神经学家桑德拉·威特尔森（Sandra Witelson）的 fMRI 研究。"为了定位处理情绪的脑部区域"，她使用了"充满某种情绪的影像，先通过左眼、左耳刺激大脑右半球，再通过右眼、右耳刺激左半球"。如果读者有时间、有资源查阅参考文献目录中威特尔森的 6 篇论文，就会发现，只有 2 篇是在 1980 年之后发表的，那时 fMRI 技术才刚刚开始在认知神经学领域推广。一篇文献与脑科学研究无关（那是关于同性恋者左右手习惯的调查），还有一篇则比较了习惯用右手和没有明显偏向的人的胼胝体大小。还有一点也值得一提，研究对象是尸体的大脑。或许桑德拉·威特尔森真的给死亡的脑组织展示了一些充满情绪的影像——即使有，她也没在报告中提及这一点。

也许，皮斯引用的是桑德拉等人 2004 年发表的功能性神经影像研究报告。[103] 有几点确凿无疑：该研究使用了 PET 而不是 fMRI，给被试常规的双眼、双耳刺激，男女被试大脑图像上色斑的数目、位置都和皮斯展示的不同。不过，这个研究观测的至少还是被试执行情绪匹配任务时的大脑活动。

任务共两项，比较简单的是在两个面孔中选出一个和目标面孔情绪相同的一个。难度大一点的任务是选出与声音的情绪相同的那个。苏珊·平克总结了威特尔森的实验结果："女人看到面部表情的图片时，大脑两个半球都处于活跃状态，不过杏仁核更为活跃，杏仁核位于脑部深处，与情绪密切相关。但男人呢，他们感知情绪的部分则集中在单侧半球。"平克进一步指出，研究表明女性胼胝体更大，于是两个脑半球间信息传递十分迅速（你应该还记得，这个论断受到了科学界的质疑），这意味着，"女性处理情绪的大脑结构的体积比男性大，传导线路效率也更高。科学家推断这使女性处理情绪时更迅速"。

但事实上，研究人员发现男女被试完成任务的速度是一样的。

还有一点也值得一提,虽然女人的"大脑两个半球都处于活跃状态",这个说法似乎与皮斯论文中色斑散布在女性大脑中的简图一致,但事实不是这样。相反——请深吸一口气再继续往下看——在简单任务中,女性左梭状回、右杏仁体以及左额下回比男性的更活跃。但在难度较大的任务中,表现更活跃的则是左丘脑、右梭状回和左扣带回前部。而男人呢,在执行简单任务时,他们的右额内侧回和右枕上回比女性活跃。如果任务的难度比较大,活跃的则是左额下回和左顶下回。通俗地说,女人的左半球显示出 2 个色斑,右半球 1 个;男人则随任务的不同在左侧或右侧半球出现 2 个色斑——对比并不明显。还要记住,色斑只是代表了脑部活动的差异,而不是大脑活动本身。比如,研究男人大脑哪个区域比女人的更活跃时,发现男人的大脑左半球没有显示出色斑,这并不是说它没有任何活动,而是说,研究者在左半球没有找到男比女活跃性更高的区域。[104]

这一长串拗口的大脑活跃区,对我们研究情绪体验的性别差异有帮助吗?

平克等研究者一定会说有。他们的结论是:"这些结果表明,男性倾向于根据刺激调整自己的反应,同时会进行分析和联想;而女性则更有可能动用基本的情感经验。"他们的意思是,只有女人才能发现别人内心深处的情绪。你应该已经意识到,一种更简单、更熟悉的说法则是,男人是思考者,而女人是感受者。

难道这项神经影像研究只是证实了人们普遍的猜想,即处理情绪时"男人可能会进行分析"而"女人则更情绪化"？或者，借用福斯托·斯特林的话来说，这些阐释也许无意中将人们关于性别的假设投射到未知的大脑之上？

　　想想前面，我们对尚不成熟的结论是需要作出警示的。应该注意到，威尔特森的神经影像研究的每个项目，被试只有 8 男 8 女——这个样本不算太大。大脑活跃区域的性别差异会不会并不存在？研究人员为比较两种状态下的血流量变化，会观测大脑中数千个极其微小的结构（称为体素）。很多研究人员认为，为判断差异"显著"所设置的临界值还不够高。

　　为阐明这一点，最近一些研究者给大西洋鲑展示充满某种情绪的图片并扫描其脑部。这条鱼——顺便说明，"扫描时它已经死了"——要"辨别照片中的人的情绪"。研究人员使用了标准统计方法，发现与"静息"状态相比，执行共情任务时，已死亡的大脑中有一个小区域表现得十分活跃（这个研究已经获得搞笑诺贝尔奖）。研究人员并没有因此而推断这个脑区和死鱼的共情能力有关，而是认为神经影像研究（包括威尔特森的情绪匹配实验）中这种常用的统计临界值有问题，因为它筛不出虚假结果。

　　这当然不是说报告中提到的所有活跃区域都是假的，它只是强调要意识到这种可能性。比如，威特尔森的研究中，有一些在简单情绪匹配任务中表现活跃的区域，要是在难度大的任务中也出现了这些区域，我们也许就能更相信他的研究确实发现，在辨识情绪的过程中，男女大脑有着不同的表现。然而，再看看那一串活跃区域的名称,你会发现,在不同难度的情绪匹配任务中,不管男女,都没有任何一个区域都表现得比异性活跃。

但即使我们假设这样的结果可信,这对我们研究男女的心理差异又有什么帮助?男人左下额叶更活跃就意味着他们更善于分析,而女人右杏仁体更兴奋就意味着她们更情绪化吗?根据大脑活动推断心理状态(比如杏仁体被激活意味着被试非常害怕),被称为反向推理,任意一个神经影像学家都会告诉你,这样做风险很大。用反向推理的话,有些神经学家甚至"已经死了"。好吧,最后这点是我编的,不过我们会发现,这样做确实很困难。男女的大脑活动不同,表现在两个方面:活跃区域的数量和位置。但遗憾的是,从任何一种信息都不能推出心理差异。

就像脑部结构未必越大越好,活跃区域多也不一定说明心理活动更多或更强。研究发育或学习的科学家有时会发现,随着人的发育或知识增长,有些脑部活动会减少或简化。

奇怪的是,活跃并不一定代表着这种脑部活动有任何意义。比如,克里斯·伯德(Chris Bird)等人曾研究过一位内侧前额叶因击打而大面积损伤的病人。损伤区域很大,其中数十个是 fMRI 研究的与思维解读相关的所有脑区。但这个病人仍然能理解别人的想法!

研究人员指出:"这些数据提醒我们,要得出内侧前额叶对思维解读非常重要的结论,必须得格外谨慎。"视觉学家吉德留斯·布拉卡斯(Giedrius Buracas)等人的实验结果同样出人意料。他们发现,在感知动作的任务中,初级视皮层比内侧颞叶更为活跃。但对灵长类的神经生理学研究早有定论:内侧额叶——在这个实验中活跃性较低——与动作识别密切相关,而初级视皮层却并不如此。这两个研究都给我们提出了警告:即使大脑的某个区域在执行任务时"兴奋起来",它也不一定至关重要。

大脑的活跃区域的位置也不能给我们提供太多信息。显然,并不是每件事都会调动整个大脑。大脑各部分各司其职,处理不同的信息。但脑皮层的某个区域或某一组神经元在不同情境下作用也会发生改变。影像专家卡尔·弗里斯顿(Karl Friston)和凯西·普赖斯(Cathy Price)说,这种分工会随情境不断变化。比如,颞叶的一组神经元能够识别身份(这是谁的脸)和表情(这代表高兴还是悲伤)。具体的状态则取决于输入的信息和处理链的上游反馈的信息。普赖斯和弗里斯顿指出:"所以说,这种分工不是这个区域的天然属性",这意味着,虽然你看到某个脑区处于活跃状态,但可能还是不知道它究竟执行什么功能。对大脑的很多部分来说,这个问题都十分突出。比如,很多任务都会激活扣带回前部,我认识的一位认知神经学家甚至说它"一直开着"。

脑部区域和心理活动不存在一一对应关系,这使阐释影像数据十分困难。乔纳·莱勒(Jonah Lehrer)最近在《波士顿环球报》上说:

大脑扫描仪最广泛的应用之一就是扫描复杂的心理活动

然后将其与大脑皮层某一区域对应，但现在有人批评说它很可能严重简化了大脑的工作……评论者强调了大脑两侧半球的连通性，指出几乎所有的思维和情感都源于整个大脑皮层不同区域的相互作用。

如果真是这样，那么我们熟悉的扫描图上代表男女大脑区域活跃性差异的色斑（有人嘲笑其为"色斑学"），就是过度简化了心理过程，丢失了大量重要信息。神经心理学家阿内利斯·凯泽（Anelis Kaiser）等人也指出，这强调了差异、忽视了相似性。

还有一个不幸的事实：精度最高的 fMRI 扫描数百万个神经元平均也要几秒钟的时间，而神经元在 1 秒内就能发送多达 100 个脉冲，PET 需要的时间更长。《科学》杂志撰稿人格雷格·米勒（Greg Miller）说："使用 fMRI 技术观测神经元，就好像用冷战时期的卫星观察人类：只能看到大尺度的活动。"研究者要利用数据推测转瞬即逝的心理活动时，就受到严重的制约。

阐释数据的困难很多，很多神经学家在根据这些数据推测思维的性别差异时会犹豫不决，也就可以理解了。令人称道的是，很多科学家在有关性别和大脑的通俗文章中发出了反对声，同时在学术论文中明确提出警告：禁止对其结果妄加推论。但还是有人置若罔闻。

顺便提一下，我并不希望自己被看成神经科学的怀疑者。我的一些好朋友以及家人都是神经影像学家，我自己也觉得神经学十分有趣,具有发展前景,能够与其他技术结合应用。我也明白,提出假设是科学研究中的重要一环。性别差异也绝对不是唯一存在阐释不当的领域。我当然也不认为研究大脑的性别差异是错误或毫无意义的。两性大脑确实不同(不过我们已经看到,要就不同之处达成一致还是比你想象的更为困难),[105] 有些差异很容易受到心理疾病的影响,或许对前者的研究有益于了解后者。我的观点是:目前,结构或功能性影像技术都不能提供比较多的信息,来研究两性思维差异。罗格斯大学(Rutgers University)心理学家迪娜·什科尔尼克·韦斯伯格(Deena Skolnick Weisberg)不久前提出,我们应该记住,"神经学这一研究思维的新方法现在还处于初级阶段。将来,它极有可能做到人们希望它现在就能做的事:用于诊断和研究的有力工具。我们应该记住它有这种可能性,并且给它时间来实现这种可能性——但在这期间别对它要求过多"。

白质过少、大脑专门化程度不高、胼胝体较大,21 世纪初期人们用这些因素来解释不平等现象,这些因素是不是注定会像鼻子长度、颅指数、脑纤维强度等指标一样被扔进垃圾堆呢? 当后人回顾 21 世纪初对影像数据的阐释时,是不是会像我们看待 20 世纪初对脊髓体积性别差异的解释一样,既震惊又好笑? 只有时间才能作出回答,但我觉得他们一定会。对于那些科学家试图将大脑性别差异与复杂的心理机能相关联的做法……好吧,我们只能说:

"记住查尔斯·德纳博士这个例子。"

　　记住这个人确实非常重要。下一节我们会看到，少数科学家的假设正迅速发展为流行的神经性别歧视（neurosexism）——我们即将讲到的神经谬论（neurononsense）之一。

在我研究资料写这一章时,我先生不得不忍受我不停轻蔑地哼鼻子。有这么几个星期,我会在睡前读一读关于性别差异的畅销书,以前阅读时间都是安安静静的,这几个星期则像猪圈里在喂食。

研究结束,对于那些想把神经学实验结果写进男女相关的通俗读物里的作者,我总结了 4 条基本建议:(1)除非你有时间机器,去过未来,发现神经学家终于可以进行反向推理而不再为之焦灼不安、辗转反侧,否则就不要根据男女大脑有点不同的观测结果,建议父母或老师对男孩女孩区别对待;(2)如果你不知道什么是"反向推理",请参阅上一节;(3)从大脑结构跳跃到心理机能具有风险,需十分谨慎;(4)不要凭空捏造。

没有遵循这 4 条简单原则的例子不胜枚举。在我看来,借用脑科学术语宣扬个人成见的最好例子可能就在约翰·格雷《为什么火星会撞金星》一书中。格雷说,男性的左侧下顶叶较发达,女性则是右侧较大。我相信,所有人都知道"大脑左半球主要与线性、逻辑和理性思维有关,右半球则使人更情绪化、感性、凭直觉行事"。但下顶叶对男女主人的作用却极为不同。格雷认为,男人较大的左下顶叶能够参与"感知时间,这就解释了他们为何总是对女人的谈话感到不耐烦"。然而,下顶叶"也使大脑能够处理感官获取的信息,特别是人们选择性关注的事物,例如,女人会对婴儿夜间的啼哭作出反应"。或许仔细考虑之后,我们还是不知道男人的下顶叶是不是也能让他们做到这些事。

在《性别与领导力》(*Leadership and the Sexes*)一书中,迈克尔·古里安和芭芭拉·安妮思(Barbara Annis)告诉管理人员:"女性通常会把大脑中部(边缘系统)的情感活动与顶部(皮层)的思维、语言连接起来。"因此,男性需要很长时间才能处理好的情绪问题(我……疲惫不堪……我……现在……很难过……很生气),女性却能迅速解决。古里安的作品《他正在想什么?》提到了男性神经生理学上的另一个劣势。借用"弹球机"这个隐喻,他暗示情感"信号"在男人大脑右半球中的传导过程,"很有可能在此中止,因为信号找不到通路抵达左半球语言中枢的受体"。但古里安说,这种情况在女性大脑内就不会发生,因为男人只有一两个语言中枢,而且都集中在左半球,而女人的则多达 7 个,散布于整个大脑——包括比男性大 25% 的胼胝体(尽管书中神经学论据丰富,但古里安由此得出的男女大脑功能的差异还是令我一时语塞)。因此,在男性大脑内,情感信号能击中处理语言信号的神经元的概率要小得多。

在《性别与领导力》一书中,我们还能看到,女领导询问下属:"你们怎么想?"这是个典型的女性"白质"问题。看来白质不仅负责整合大脑不同区域的信息,还收集办公室内不同员工的看法。大脑差异也许还能解释男女解决问题的风格的不同——如果女领导"知道该做什么,她不会像男性一样担心怎样用数据进行证明"。古里安和安妮思认为:"这种直觉可能与女性连接两个脑半球的胼胝体较大有关。"相反,男性领导者大多喜欢"基于线性数据和论证"的解决方式。

或许我的胼胝体小于女性的标准体积，就像上文提到的，我觉得从大脑结构到心理机能这种直觉式的跳跃没有说服力。为什么通过分析数据和论证解决问题就不需要两个半球间的配合呢？虽然人们普遍认为，单侧化程度较高的大脑不擅长兼顾多个任务，神经生物学家莱斯利·罗杰斯等人发现小鸡的表现恰恰相反，证明直觉在这些事上并不准确。大脑单侧化程度较高的小鸡能够同时啄食谷粒、警惕天敌，类似于人一边煎牛排一边做沙拉。

也许一些自封的"思想领袖"给刻板印象披上神经学的外衣并不令人意外，但哈佛医学院、加州大学伯克利分校、耶鲁大学医学院的校友也这样做就不免让人感到震惊了。

加州大学旧金山分校女性情绪与激素诊所的负责人劳安·布里曾丹就是一例。她在《女性大脑》一书中引用了数百篇学术论文。在不够警觉的读者看来，她和她的书似乎都具有权威性。然而，《自然》杂志上的一篇文章却评论道："尽管作者引述了大量学术文献，但《女性大脑》依然令人感到失望，它甚至不满足科学准确性这样的基本要求。书中充满学术性错误，会在大脑发育过程、神经内分泌系统和性别差异的本质等问题上误导读者。"评论者还说："在文献中根本就找不到书中随处可见的'事实'。"如果花时间核对布里曾丹所谓的证据，多数人都会发现这一点。宾夕法尼亚大学教授马克·利伯曼（Mark Liberman）原本不太关注性别问题，但他后来也有了兴趣，在自己的网上"语言日志"中对性别差异的伪科学观点提出了细致而幽默的批评。布里曾丹曾就交流的性别差异发表了很多错误观点，他耐心地进行了更正，他说："这让我觉得自己像个小丑，正拿着铲子跟在大象身后绕表演场转圈。"

尽管有这些警告在前，当我决定看看布里曾丹是怎么得出女性天生擅长共情的结论时，还是一次又一次地震惊了。她为证明女性擅长解读思维而列举的每一个神经学研究，我都去查看了（真的，不用谢。这样的工作让我感到愉悦）。寥寥数页中就有很多这样的参考文献，让人觉得女性大脑适于共情而男性却不是"如此"是具有科学依据的事实，而不是作者的个人观点。但是，核查文献就会发现这种做法很有误导性。比如，从这本书第162页的中间位置读到164页的顶部。我们从一位精神治疗医师的研究开始，他发现医师能够通过模仿病人行为与之建立良好关系。布里曾丹写道："做出这种回答的医师恰恰都是女性。"出于某种原因，她没有说明，这是因为从电话簿中挑选的参与该研究的医师恰好都是女性。

布里曾丹的另一个观点，女孩擅长理解他人的感受，确实能在埃林·麦克卢尔（Erin McClure）和朱迪思·霍尔（Judith Hall）的研究中找到依据。这两位研究者通过元分析发现女性在解读非语言类情绪信号方面具有优势，但这种优势并不显著。

麦克卢尔的元分析表明，54％的女孩在识别表情中隐含的情绪时表现高于平均水平，男孩的这一比例则为46％。霍尔回顾了涉及脑桥非语言类信息解读（我们在第二章提到过）等测试的研究,认为如果随机选一个男孩和一个女孩进行测试,反复进行,男孩胜过女孩的几率超过 1/3。布里曾丹夸大了这些研究结果,认为在这些能力上"女孩的发育比男孩提前很多年"。她推测镜像神经元与这种能力有关,它使女孩能够观察、模仿、反射他人的非语言类行为,从而凭借直觉了解他们的感受(镜像神经元使观察者对观察对象的行为作出响应,就好像观察者本身也做出了这种行为。一些科学家认为镜像神经元是解读他人思维的神经学基础,其他科学家则对整套理论表示怀疑)。她引述的这个实验的确研究了镜像系统通过直觉了解他人心理状态的可能性——但这并不是为女性所独有。事实上,实验参与者(有些患有泛自闭症障碍)全部为男性。

下文又写道,"大脑影像研究表明,观察或想象一个处于某种情绪的人,会自动激发观察者的大脑,使之进入相似模式——女性尤其擅长这种情感镜像反应"。为支持这一观点,布里曾丹引述了认知神经学家塔尼亚·辛格(Tania Singer)等人于 2004 年进行的一项神经影像实验,辛格等人会电击被试的手部,或是让他们看到自己伴侣的手部也遭到了同样疼痛的电击,然后比较两种状态下的脑部活动。他们发现一些脑区在两种情况下都会被激活。如果你认为我会吹毛求疵地说,这项研究能说明什么性别差异,那你就错了。事实上,此处的阐释存在一个更基本的问题——接受扫描者全部是女性。

接下来布里曾丹继续探讨女性对他人痛苦的高度敏感性,她说当女人同情一个被碰疼脚趾头的人时，她"会表现出儿时就有的自然反应，这种反应在长大后尤甚，即感知到别人的疼痛"。布里曾丹用两个 fMRI 研究支持这个论点，第一个是辛格 2004 年研究女性对疼痛的共情反应的实验，另一个是饭高哲也（Tetsuya Iidaka）等人的研究。他们要求被试根据表达积极、消极或中性情绪的面部表情判断其性别。他们比较了青年、老年两组被试的脑部活动，并不是根据性别分组。她引述的第三个文献是对儿童和青少年焦虑及沮丧情绪相关研究的综述，其中都没有讨论对他人疼痛的反应或这种能力的性别差异，作者只是说："众所周知，女性比男性更容易对他人遇到的问题作出情绪上的反应，因而能够激发女性产生这种反应的人际交往情境更多。"

在这段内容的最后，布里曾丹描述了辛格 2004 年的研究，她写道："她们自己受到电击时，与疼痛相关的脑部区域会被激活，得知伴侣也被电击时，这些区域同样会处于兴奋状态。"除此之外，她还提到了辛格等人 2006 年发表的另一篇 fMRI 研究报告。后者与前者相似，但被电击的另一个人不是被试的伴侣，而是刚刚与之共同完成比赛的同伴，其中有些曾在比赛中犯规、有些则没有。在这个实验中，男女都接受了扫描，结果再次表明，人们会对他人的疼痛产生共情反应，不过男人只对没有犯规的同伴有这个反应。布里曾丹由这两个研究得出结论："女性能感受到同伴的痛苦……研究者未能激发男性产生相似的反应。"[106] 然而她引述的实验的确在男性大脑中观测到类似反应，尽管只是针对他们喜欢的人。

至此,读者可能认为男人的神经系统的共情能力确实较差——特别是之前,布里曾丹还提出女性拥有更多能产生镜像反应的神经元。她写道:"尽管这类实验大多使用灵长类动物作为观测对象,科学家推测人类女性大脑中的镜像神经元多于男性。"看看书后的参考文献表,证明这个论点的学术文献不超过 5 篇。第一项研究来自苏联。尽管它确实比较了两性的差异,但读完摘要,我就敢打赌,其中没有多少关于两性镜像神经元差异的深刻见解,因为它研究的是死亡的额叶组织的神经元特征(我想只有镜像神经元处于活跃状态,人们才能进行识别)。另外 3 项实验倒是对它们找到的镜像神经元系统作了一些研究。但是,没有一项研究对男女进行了比较或是推测可能的性别差异。现在只剩下一篇引文,这是与哈佛认知神经学家琳赛·奥伯曼(Lindsay Oberman)之间的"私人信件",题为"男性和女性的镜像神经元可能不同"。我通过电子邮件向奥伯曼博士求证,令我吃惊的是,她说自己从未与布里曾丹有过信件往来,还说:"相反,我回顾了自己的研究,并没有发现证据表明女性的镜像神经元功能更强。"(等你合拢张大的嘴巴,别忘了简要回顾一下上文提到的 5% 原则,即只有性别差异才会被写进报告发表。)

最值得玩味而又充满讽刺的是,布里曾丹让自己看起来像是在勉为其难但又无所畏惧地揭露真相:

写作时我脑中有两个声音一直在争吵——一个要展示科

学事实，一个不愿得罪任何群体。我还是选择了传达真相而非保持政治正确，尽管真相有时并不受人欢迎。

翻看这样的书总会让我生气。也许是我目前所处的这个人生阶段的缘故，我总会为书中的一个观点怒不可遏，即"只有孩子离开了家，妈妈的大脑才得以解脱，才能产生新志向、新思想、新想法"。而性别偏见披上神经科学的外衣，闯进幼儿园和学校的大门，则更让我感到不安。神经影像技术才刚刚踏上研究神经信号对心理机能影响的求索之旅，你就能看到大量所谓的专家暗示"男孩和女孩天生不同、应分开教育"。最无耻言论奖一定要颁给一个美国教育演说者。马克·利伯曼的"语言日志"登载了相关报道，指出这个教育顾问一直对听众说，女孩关注细节、男孩则看到整体，因为女孩的"克洛克斯区"（crockus）——这个脑区根本就不存在——是男孩的 4 倍大。

请放心，多数主张依据脑部性别差异进行教育改革的人都没有越界，这得到了多数科学界人士的认可。我也毫不怀疑，他们引用这些脑科学领域的文献时动机良好，他们希望男孩和女孩的教育都能得到提高。那些提倡男女分校的人可能也有其道理，但与大脑无关。但借大脑的研究数据鼓吹性别刻板印象，并因此倡导单性教育，这不仅无用而且存在诸多坏处。

这群教育演说者中最有影响力的可能当属伦纳德·萨克斯（Leonard Sax），他是国家单性公立教育协会的创始人，著有两本书倡导根据男女大脑的需求施行单性教育。萨克斯演讲日程繁忙，目前已覆盖美国、加拿大、澳大利亚、新西兰以及一些欧洲国家——一些学校明显已受到影响。美国现有 360 个公立学校单性教育项目，半数都有该协会的参与，萨克斯告诉《纽约时报》的记者伊丽莎白·韦尔(Elizabeth Weil)，其中约 300 个的"建立是基于神经学的考虑"。让我们仔细研究一下这意味着什么。

以英语课为例。在女生的课堂上，你会看到老师要求学生揣测故事主人公的感受和动机，提出"如果……你会有什么感受"诸如此类的问题。但这些不会出现在男生的课堂上，因为"它要求男孩将杏仁体的情绪信号与大脑皮层的语言信号相关联。这就像一边背诗一边抛接多个保龄球瓶，你必须同时使用正常情况下不会一起工作的两个大脑区域"。萨克斯说，男孩和更小的孩子的大脑中负责处理情绪的是杏仁体，这是一个较为原始的脑部结构，"不与大脑皮层直接相连"(事实上，杏仁体与大脑皮层间似乎存在大量连接)。这让他们无法诉说自己的感受。但年龄较大的女孩则使用大脑皮层处理情绪，这使她们能够非常便利地使用语言交流自己的感受。这对教学的意义不言而喻——*一边是女孩，一边是处于发育原始阶段的猿类大脑*！

我曾在大众媒体上多次读到这个男性大脑"事实"的不同版本，然而，这个"事实"只是基于一个小样本的功能性神经影像实验，其内容不过是让儿童被动地去看表达恐惧的面孔。实验是不是触发了负面情绪，这一点值得怀疑(也许厌烦除外)。[107] 实验没有要求儿童描述他们的感受,更严重的问题是,实验甚至没有对多数处理情感和语言信号的脑区活动进行检测。[108]马克·利伯曼指出:"实验结果与萨克斯的阐释明显不相合。"即便研究表明了萨克斯的观点(这一点还存疑)[109],我们为什么要假设即使儿童希望表达感受也不会用到语言区呢？毕竟,将信息从 A 传导到 B,正是轴突和树突的职责。然而,萨克斯却称赞了对男孩大脑而言难度适中的英语课,在这堂课上,他们学习了《蝇王》,但读课文时他们既不关注情节也不分析人物,而是构建了小岛的地图。

这一切就发生在你身边的学校里。我临近社区的学校虽是男女同校,但这几年一直按性别施行"平行教育"。一位记者解释道:"教男生(数学)有现成的经验:画图、练习。但在女生班,戴维(这所中学的校长)一上课先就此问题讨论了整整 10 分钟,而且还把图置于两人关系的情境之中。"或许戴维读到过萨克斯鼓吹的另外一个"神经学谬论",即男孩使用海马区(大脑的原始结构之一,不过这次男性似乎从中获益)解决数学问题,而女孩学习几何时则使用"大脑皮层"(这个说法并不明确,就好像是说"我在北半球等你喝咖啡"),这意味着要对男女生采用不同的教育方法。

萨克斯称,因为原始的海马区"与大脑皮层不直接联通"(这种说法仍然不太正确),所以"相比于女孩,男孩可能会在更小的时候就喜欢上'数学'本身"。对女孩来说,因为她们会用到大脑皮层,所以"需要把数学与更高级的认知功能结合起来"。激发孩子对数学的兴趣,这一点值得称道。但萨克斯声称,应用神经影像技术研究走迷宫者的脑部活动的结果表明,大脑存在性别差异,所以要对男女生分别进行教育,这完全是神经学谬论。[110]

马克·利伯曼仔细分析了萨克斯基于脑部研究结果发表的教育观点,认为萨克斯、古里安等所谓的教育专家使用科学数据时"极不谨慎、带有偏见甚至具有欺骗性。他们对科学研究阐释过度甚至有误,已变成捏造"。也许,编出冷漠的 X 轴先生和轻佻的 Y 轴小姐的爱情故事确实能让女生觉得好玩,讨论一本书时不分析人物心理也是有趣的挑战,但随着单一性别教育的新课表实施,这个自我证明的预言也会随之传播。

英国女子学校协会主席维姬·塔克(Vicky Tuck)近日指出,"青少年时期(男孩和女孩)存在神经学方面的差异"。这在实际中意味着什么?"你教育女孩的方式应该与男孩不同。"她说的对吗?别忘了由经不起检验的性别差异得出不成熟的结论有多容易,别忘了西莉亚·摩尔和吉耶特·德弗里斯说过——男女大脑结构的不同可能抵消了其他差异或以另一种方式殊途同归。要记住,神经学家还在争论,怎么对极复杂的数据进行恰当的统计分析。回忆一下,上文讲过很多大脑的性别差异其实是与大脑体积而不是性别有关。别忘了心理学和神经学以及它们发布研究结果时,本来就倾向于报告差异而不是相似性。男性和女性大脑的相似程度自然远大于其不同。"男性"和"女性"模式不仅存在大量重合之处,而且,这个世界上与男性大脑最为相像的莫过于女性大脑。神经学家甚至无法在个体水平上对其进行区分。为什么我们还要强调差异呢？如果我们注重相似性，也许就会得出男女生应接受相同教育的结论。

你还是不相信？你坚信这些脑部差异对教育的影响非常重要？好吧，用不同的方式对待你的儿子和女儿吧。如果你想做得再彻底一些，那么针对每一种差异，都应该存在不同的教育方式，比如杏仁体有大有小、左侧额叶有的活跃程度较高、有的较低。现在，告诉我，你怎样针对杏仁体大小或是处理表示恐惧的表情时大脑活动的差异来调整教学方式？还没有可行的方法能根据脑部差异设计出不同的教育方法。哲学家约翰·布鲁埃尔(John Bruer)曾将之诗意地称为"遥不可及的桥"，"目前，我们对大脑发育和神经功能所知尚浅，还不能通过有意义、有依据的方式将之用于教育当中，也许我们的知识永远都不足以实现这一点"。于是，我们发现自己又回到了可怕的性别刻板印象之中。

我们似乎永远都学不会。

如果不提到哈佛医学院教授爱德华·克拉克(Edward Clarke)那个臭名昭著的理论，一切关于大脑、性别以及教育的讨论似乎都不算完整。19 世纪他出版了《教育中的性别因素》(*Sex in Education*)一书，大获成功。书的副标题为"女孩获得的平等机会"(*A Fair Chance for Girls*)，然而事实却恰恰相反，这颇具讽刺意味。他认为，脑力劳动会使能量由卵巢转移至脑中，危害生殖能力，还会引发其他疾病。生物学家理查德·莱沃汀(Richard Lewontin)对此幽默地评论道："显然，睾丸有专属的能量来源。"今天,我们会取笑这个假说背后隐藏的偏见,但并没有资本自鸣得意。

塔克说,她"预感,再过50年,或许只要25年,人们回顾有关教育的种种记录,发现过去人们认为应该对青少年时期的男孩和女孩施以相同的教育,一定会笑得直不起身子来"。但翻阅畅销书,我觉得这还不是未来的人觉得最好笑的地方。坦白地说,我想他们一定会因21世纪初那些评论者的观点大为震惊,笑个不停。那些人像他们19世纪的前辈一样,粗略地将两性的大脑进行对比,强化了性别刻板印象;或是像认为"大脑神经回路超载"的布里曾丹一样,试图将社会压力在大脑中进行定位。(在这儿,迈克尔!我终于找到这个神经回路了,就是它负责照顾孩子、做晚饭、确保每个人都有干净的内衣穿。看,它挤占了与事业、抱负、独到见解有关的神经回路。)

最后我想提出一个请求。我们将在下一节讲到,神经学信息引人入胜,但请不要再有任何性别偏见!请遵守我在本节伊始提出的4个简单步骤,或是让经受过专业训练的学者来进行阐释。如果处理不当,神经学也会有危险性,所以如果你不确定,请不要冒险。

"神经学怀疑者"博客向那些推销神经谬论的人建议的一句话,是这么说的:"珍爱自己,远离大脑吧。"

我买过一个玩具鼓,据称能刺激孩子的听觉神经。我猜,这意思就是说它能制造噪音。显然,营销天才们无意中发现,信息经过神经学语言加工后,会给人留下更深刻的印象。顺便问一句,我有没有说过,你读到的这些文字能够刺激枕叶,优化扣带回前部和前额叶皮质背外侧的神经回路? 这不仅是一本书——还是一种神经学训练。神经学信息有其独特之处,它听起来是那么无懈可击,那么……科学,我们更倾向于用这种信息,而不是乏味、老掉牙的行为类的证据。它能取代旧有的科学解释,带给人一种满足感,它似乎还让我们知道了自己到底是谁。

继劳伦斯·萨默斯发表"女性可能天生不适合从事高水平科研工作"这一饱受争议的言论之后,史蒂文·平克和西蒙·巴伦·科恩等人也步入了大脑性别差异研究之列,伦纳德·萨克斯也是。但令人耳目一新的是,萨克斯并不认为大脑的研究结果暗示了一般女性天生的劣势,他指出,问题在于,现行的教育体系同时给男孩女孩教一样的内容。他在《洛杉矶时报》上解释说,这是个错误,"因为女孩大脑中与语言、精细动作(如书写)相关的区域成熟得比男孩早 6 年,而与数学和几何相关的区域则比男孩晚 4 年"。[111]他说教学要和男女大脑各区域不同的发育时间表相适应,因为"如果设置课程的时候忽视了这些性别差异,男孩将不会书写,而女孩会认为自己学习数学时'反应迟钝'"。[112]

萨克斯是想改进男女生接受的教育,我全力支持。进行单性教育可能也有其道理。但是他在哥伦比亚广播公司新闻频道(CBS

News)发表的言论，又要怎样理解呢？"两性的内在差异被忽视了，男孩和女孩都受到了欺骗。"

有人认为，语言、数学和几何等复杂的心理机能都与某个特定的脑区对应，你可能会因此觉得不安。事实上，人们不可能只用某一脑叶或有限的区域来读小说、写论文、解方程或计算三角形内角的大小。另外，让人失望的是，要想通过观察大脑结构就确定这个结构本身是不是能求解联立方程或是学好微积分，神经科学还做不到。这一点为什么没能引起萨克斯、编辑或是记者的警觉，他们还在继续传播类似的言论？为什么没有人指出，事实上男孩的数学水平显然并没有领先女孩 4 年——甚至根本就不领先，没人因此来质疑萨克斯的言论？当然，12 岁男孩的语言能力也不会只相当于 6 岁的女孩。即使我们乐于将大脑的某一结构与复杂的认知过程相联系，但神经的发育程度显然也不能衡量真实能力——这个指标比数学考试等评估标准糟糕得多。那么为什么报刊上还有这种神经学谬论的一席之地呢？

一个可能的原因是，在人们默认的学科"科学性"排名中，神经学可以轻而易举地胜过心理学。毕竟，神经学还会用到昂贵、复杂的器械，生成漂亮的脑部立体图像，技术人员几乎都穿着白大褂。天呐，它还涉及量子力学呢！我问你，如果另一个实验只是说要一个 6 岁的小女孩在纸上计算，算对了 7 加 9，这和神经学实验能不能相提并论？生物伦理学家埃里克·拉辛(Eric Racine)等人创造了"神经现实主义"(neurorealism)一词，说明 fMRI 应用让一些心理现象看起来比用普通方法获取证据时显得更真实、更客观。比如,他们记录了人们食用垃圾食品时大脑奖赏中枢的活动,以此证明"脂肪能够带来愉悦感"。那么,和人们在一张调查表上勾"是的,我确实喜欢吃甜甜圈"相比,脑部神经信号的图像能更有力地证明人们感到愉快。所以不难想象,脑研究会得到关注,孩子们的真实学术能力却被忽视了。

我怀疑,因为包括了轴突、脂质、影响神经系统的各种化学物质以及电脉冲的大脑,是个生物器官,所以我们总会不由自主地把观察到的大脑性别差异归因于天生。迈克尔·古里安和凯西·史蒂文斯(Kathy Stevens)在《男孩的思维》(*The Minds of Boys*)一书中就是如此:

> 20世纪50—70年代的社会思想家没有PET、MRI、单光子发射计算机化断层显像(SPECT)等生物学研究工具……他们不能深入人类头颅之内观察两性的脑部差异,于是只能偏离以自然为基础的理论,转向社会趋势理论。他们在两性研究中,不得不偏重后天培养的影响,因为他们无法研究两性真正的内在差异。

古里安和史蒂文斯似乎将"真正的差异"与"大脑"画了等号。但事实上,当你考虑这个问题时,除了大脑你还能在哪里看到社会化过程或经历的作用? 马克·利伯曼指出:"社会生活对认知的影

响,还能体现在哪些方面? 难道是在纯粹的精神力量里,而对神经
活动、脑部血流和功能性大脑影像一点作用也没有吗?"詹姆士·
麦克道尔基金会(James S. McDonnell Foundation)那些"研究神
经的怪家伙"也注意到"大脑=天生"的说法。《纽约时报》上曾刊
出文章称,fMRI 研究表明"母亲对孩子的关爱和保护似乎是刻在
大脑里的",基金会的一位研究者回应说:"请认真考虑一下经历和
学习的作用,你不能仅仅因为看到(大脑的)反应,就说它是天
生的。"

　　神经学谬论另一个吸引人的地方在于耶鲁研究者所说的"神
经学解释的诱惑"。迪娜·什科尔尼克·韦斯伯格(Deena
Skolnick Weisberg)等发现,对心理现象的拙劣解释是可以被大家
辨识出来的。比如,你读到一个研究说,在空间推理类任务中男人
表现比女人好,分析原因的时候却用了循环论证——"女性表现比
男性差,证明两性空间推理能力不同",你能被说服吗? 大概不能。
研究者没有解释他们的结果,而是重新进行描述:女性不擅长空间
推理是因为女性不擅长空间推理。但仅仅加了一些神经学元素,
这种算不上解释的解释马上就看起来有说服力了:

　　　　大脑右侧运动前区和执行空间类任务有关,扫描图显示,
**女性不如男性的表现**会引发不同的大脑反应。这**解释了空间
推理能力的性别差异。**

黑体字部分即循环论证,人们通常会觉得它缺乏说服力。这个增加的神经学内容告诉我们,空间推理能力和大脑的某一结构相关,这不奇怪,但它没有说明为什么女性的表现比男性差。这种解释还是一种循环论证。但神经学掩盖了这一点,韦斯伯格等人发现,即使是学习认知学概论的学生也没能意识到。虽然我们还不清楚神经学为什么这么有说服力,但事实证明,即使是同一个科学论点,如果分别用大脑活动的影像表达和包含相同信息的条形图来展示,人们会觉得前者更有说服力。

这一切让我们担心,这些关于大脑差异的说法,可能会过于影响人们的观点和政策。韦斯伯格认为,神经学的诱惑力制造了"一种危险局面,即在公共领域赢得争论的可能并不是最好的研究"。

神经学的影响力不仅在个人层面,也存在于政治领域。这些不真实的解释使性别刻板印象合法化,旧时代的性别歧视突然变成了当代的科学观点。你想在教师和家长读物中说,由于"抽象世界的探索者多为男性",所以物理学才由男性主导吗?还等什么,来吧!只要摆出大脑这个具有魔力的词汇,就不再需要更多的信息了。但把这些信息传播给社会时,我们不得不考虑一下它的影响。第一章中曾讲过,即使我们只是怀疑别人认同了性别刻板印象,也会极大影响到我们自己的态度、身份认同和表现。

神经性别偏见还会对这些产生直接影响。目前,我们只是怀疑,在男人们让别人去买牛奶这件事上,性别科学类畅销书的影响微弱。但有证据表明,媒体的性别类报道偏重生物学因素,会让我们更加认同性别刻板印象，认为自己符合这种形象甚至会调整自己的行为与之相符。比如，一项研究中，部分女性阅读的期刊文章称，男性更擅长数学和男女内在的生理、基因差异有关，另一组女性读到的论文则称，男性的优异表现源于他们付出的努力，两组被试都参加了类似 GRE 的数学测试，前者成绩较差。心理学家伊兰·达尔·尼姆罗德(Ilan Dar-Nimrod)和史蒂文·海涅(Steven Heine)也发现，比起读到"经验类因素导致数学能力不同"的女性，那些读到"基因导致差异"的女生，在类似 GRE 的测试中成绩明显较低(由实验者告诉她们这些信息，结果也一样)。研究人员指出，基因学解释之所以有负面影响，可能是因为人们普遍认为，与社会因素导致的差异相比，基因差异根深蒂固、不可改变。"只考虑基因对数学能力的影响会产生负面作用，"他们总结道，"这些发现使人不由地追问科学理论对学习者会有什么影响，也提醒科学家阐释自己的工作时必须小心谨慎。"

韦斯伯格的建议是"请读者擦亮眼睛"。这个领域的神经学家们，有责任留意怎样对大脑性别差异的研究结果进行阐释、传播。如果草率行事，可能会对人们的实际生活产生巨大影响。很多神经学家似乎都意识到了这一点，他们在解释的时候非常谨慎，很多人还提醒记者，要从大脑性别差异推及思维还为时尚早(但是，他们还是会发现自己的工作被曲解了)。然而，我们看到，还是有人态度很随意。

　　并不是所有人都觉得大脑性别差异这个话题很敏感。比如，研究者多琳·基穆拉(Doreen Kimura)提出："说什么'这个发现不会让人不爽，所以我愿意推广，另一个发现可能不受欢迎，所以我得收集点证据再发表'——我们是不允许自己干这种事的。"但我并不认为，研究内容本身就不会影响科学家，让他们把自己的结论一般化，或是考虑别人的接受程度。比如，我听说研究药物依赖性的神经学家曾努力阻止媒体简化或曲解自己的研究结果。这不是因为他们担心别人会不爽，而是因为这个领域非常敏感，对脑部依赖性的研究结果会改变人们对某个社会群体的态度和看法。工作需要谨慎——对这些神经学家来说，这种责任没什么不合理的。我想，那些评论大脑性别差异的人，也应该承担这种责任。

　　最后，编辑、记者和学校的当务之急，是对大脑性别差异的种种观点保持怀疑。在我看来，如果一个人能对男女的大脑妄加评论，并且很高兴地看到它发表在权威报纸上、改变学校的教育政策或是爬上畅销书排行榜，这实在是件可怕的事。科学家能够解决这个问题，很多人已经在参与了。韦斯伯格(针对神经影像解释中存在的普遍问题)建议道："科学家、医师和研究人员应该发挥更积极的作用。"她主张研究人员"站出来批评"那些具有误导性的文章，敦促"为报纸及杂志撰文的作家对待科学议题更加严谨、具有深度"，并为媒体人员提供专业咨询，以实现这个目标。

　　神经性别偏见，使得刻板印象更有破坏性、限制力，而且不断自我补充。3年前，我看到儿子的幼儿园老师在读一本书，书里说，男孩的大脑不能在情绪和语言中枢间建立连接。因此,我决定写这本书。像这种对生理差异的断言,其实是忽视了研究结果可能站不住脚、新技术还不成熟、大脑结构和心理机能的关系并不明确、由神经影像推断心理状态还存在困难等种种问题。评论者们已被神经学诱人的科学性冲昏了头脑,虽然也有研究证明,男女其实很相似而且行为本身很容易受社会环境的影响,但他们却对这种技术含量比较低的证据视而不见。下一节我们将会讲到,所谓的"固定线路"这一概念还需要改进。

我的一个家人(姓名暂不透露)把所有新生儿都称为"肉团"。这种描述自然有一定的准确性。不断有研究证据表明,新生儿的大脑精巧复杂,偏爱母语、能识别类似人脸的视觉刺激、会刚好在父母刚刚进入熟睡状态时醒来。但新生儿要学习的东西还很多,这么说一点儿也不过分。这个领域的神经学理论不断发生着变化。

　　几十年来,人们一直认为大脑发育是渐进式的,新的神经回路有序增加,人具备越来越复杂的认知能力。根据这个发育理论,在恰当的时候(具备必需的经历和环境),基因的活动会让神经回路发育成熟,孩子也达到了新的发育阶段。当然,所有人都承认经验在发育中具有重要作用。但如果我们把发育看成基因控制下神经回路不断增加的过程,就不难看到,固定线路的概念是怎么开始的。而流行的进化心理学又助了一臂之力,它的传播让我们相信,人类在自然选择中形成的神经回路,现在还是适合那种打猎、采集为生的祖先的环境——很不幸,这已经过时了。

　　但我们现在已经知道,大脑受行为、思维和社会环境影响而不断变化。神经建构主义者的新观点强调了基因、大脑和环境之间复杂的相互作用。没错,基因是不变的,基因表达形成了神经结构,遗传物质本身不会受外界环境影响。但基因活动可不是这样,周围的环境、我们的行为甚至思维,都会影响基因表达的结果。而思维、学习和感受则能够直接改变神经结构。布鲁斯·韦克斯勒(Bruce Wexler)认为,神经可塑性使我们不会受困于祖先早已过时的大脑硬件的影响。

> 环境塑造了人类的大脑，在这个漫长的时期内，人类对环境的改变也是前所未有的……人类的适应性和其他能力快速发展，而且速度超过遗传变异所带来的改变。大脑技能的改变，通过文化传承不断延续，这意味着影响社会、文化发展的过程也能对人类个体的脑部结构及思维产生巨大作用。

需要指出，这并不是环境论者的幻想，也不等于"我们能够变成自己希望的样子"。基因不能决定我们的大脑(或身体)是什么样子，但它确实能起到限制作用。个体发展的可能性不是无限的，也并不仅仅取决于环境。但思维、行为、经验能够直接或通过基因活动间接改变大脑，这个观点似乎剥掉了"固定线路"这个词的内涵。正如20多年前神经生理学家鲁斯·布莱尔所言，我们应该"把生物特征看做有潜力、有包容性的，而不是一成不变的。生物特征由社会因素定义、受其影响——它会像行为一样，对思维和环境作出反应、进行相互作用，并因此而改变。生物特征圈定了可能性的范围，但并不能起到决定性作用，它不是无关因素但也不是决定因素"。

那么，畅销书作家、科学家、前哈佛校长把性别差异称为"固定线路式"("天生的""内在的""固有的")，是想表达什么呢？据我所知，很多生物学家在整个学术生涯中都致力于研究先天性这个概念。认知神经学家焦尔德纳·格罗西指出,hardwiring 等术语源于计算机科学,本意是固定不变的接线,它并不适用于描述神经回路,因为后者在人的一生中不断学习、变化,事实上它会对生活作出响应。

当然,与 100 年前相比,越来越多的人意识到经验和环境的作用。心理学家斯蒂芬妮·希尔兹(Stephanie Shields)总结道,20 世纪初,"人们认为禀赋天成,如果一个人拥有某种才能,自然就会表现出来"。我想现在应该没人会这么想了。但仍然有些人对特性是"天生的"、"一成不变的"、"无可避免"的这类说法保有维多利亚式的忠诚。不然怎么解释人们为什么还像百年前一样对"男性变异性更强"的假说感兴趣? 这个假说认为,男人更有可能异于寻常,不管是好的方面还是相反("天才更多,蠢材也更多")。20 世纪初,杰出的男性远多于女性这个现象,就有了简洁的解释——"男性变异性更强",虽然两性心理测验的平均成绩没有任何差异。1910 年,著名心理学家爱德华·桑代克(即前言中提过的那个乏味的社会心理学家)说:

> 特别是,如果男性彼此间才智、精力的差异大于女性,那么各领域的杰出人士和领导者必将多为男性。他们比女性更有资格。

按照劳伦斯·萨默斯的说法,如今他们似乎是更应得到数学

和科学领域的高等职位:

> 在人的种种特性上——身高、体重、犯罪倾向、智商、数学及科学能力等,男和女两个群体的标准差和变率(描述总体分布特征的统计指标)确实不同。无论特性是否由文化因素决定,皆是如此。但如果我们讨论的是排名前 25 位的研究型大学的物理学家,那么目标群体与均值的差异将远大于标准差……我想这也在情理之中。

另外,我还想知道无犯罪倾向的极端表达方式是什么(或许可以用最高法院法官人数衡量)。但更重要的是,男性在各方面——无论是体重、身高还是学习能力测试成绩——"变异性都更强"这种说法,无疑将变异性定义为"男人的特点"。这意味着男人在数学和科学能力方面的较强变异性不可避免、一成不变。自然在接下来的混战中,史蒂文·平克为男性由来已久、普遍存在的强变异性进行了辩护(从达尔文起,很多生物学家都注意到,诸多物种的雄性个体在很多特性上变型都比雌性多)。苏珊·平克在这场论战也站在了萨默斯一边,她认为:"男性个体变型更多。"

心理学家伊恩·德雅利(Ian Deary)等人曾研究了 80000 名 1921 年出生的苏格兰儿童的智商,苏珊在书中用图表展示了这一研究结果。研究发现,男孩和女孩的平均智商相同,不过男孩的个体间差异更大。但教育心理学家莉塔·斯泰特尔·霍林斯沃斯

(Leta Stetter Hollingworth)1914 年指出:"即使男女能力的平均水平或个体间差异程度不同,我们也不能由此得出这种差异的根源,认定这不可避免,或是存在无法改变的生理基础。"[113] 将近一个世纪之后,伊恩·德雅利等人感到有必要重申这一点。如今我们比 100 年前的人们更容易明白这一点,因为那时人们普遍认为成功的能力"就在那里"。我们已经意识到格罗西所说的:"学习数学和科学知识需要数年时间,我们要培养学习者的热情,鼓励他们学以致用。"

当代的研究证明,不管样本是普通人还是高智商群体,都完全不需要用"不可避免"、"一成不变"这种词来描述变异性较大这件事。在萨默斯等人宣告失败数年之前,一项跨文化研究比较了男女在语言、数学、空间能力方面的变异性差异,想调查除了美国外,其他国家是不是男人也有较强的变异性。答案是否定的。在认知方面,很多国家的女性个体间的成绩差异都比男性要大。

之后,为了检验"男性变异性更强"的说法,有多个大规模研究针对数学能力进行了调查,研究男性的个体间数学能力差异是不是一定比较大,能力比较突出的人中,男性是不是比女性多。至少对儿童而言,答案是否定的。

珍妮特·海德(Janet Hyde)等人曾对 700 多万美国学龄儿童进行调查,研究结果发表在《科学》杂志上。他们发现,不同年级、州籍的男孩变异性都比女孩强。他们又单独研究了明尼苏达州 11 年级学生的成绩,比较成绩高于 95%、99% 的男女生人数,然后发

现了一个有趣的现象。白人中,这两个指标的男女比例分别为
1.5∶1和2∶1。但亚裔学生则不同,成绩在95百分位以上的男孩
人数略多于女孩,而99百分位以上则是女孩较多。再看看其他国
家的数据,你会发现,更多证据表明性别差异也不是一成不变的。

路易吉·吉素(Luigi Guiso)发表在《科学》杂志上的跨文化研
究也指出,高水平者的男女比例像平均成绩一样,也因国家而异。
在研究涉及的40个国家中,多数都是95及99百分位以上的男孩
多于女孩;但在另外4个国家,男女比例则相同,甚至女生更多(这
4个国家是印度尼西亚、英国、冰岛和泰国)。另外2个对青少年数
学成绩的跨文化研究也发现,尽管男孩中能力卓越者较多,排名前
5%的学生中也是男孩多于女孩,但这一规律并非放之四海而皆
准。有些国家女孩的变异性与男孩相同甚至更高,或者她们像男
孩一样能够超过95百分位。[114]

数学成绩超过95%甚至99%,这可能是最终成为哈佛大学终
身数学教授的必要条件。就像拥有一双手,你才有希望成为理发
师。一些研究人员称标准化数学测试的高分学生"全凭天赋"。在
数学早慧少年研究(Study of Mathematically Precocious Youth)
中,实验人员让一些年龄过小、按理还不能参加学习能力测试的孩
子解答该测试中的数学题,表现出色的孩子中女孩比例也不是固
定不变。成绩高于700分(考试成绩分布在200~800分)就表示参
加者"具有天赋"。20世纪80年代初,在数学早慧少年研究中脱颖
而出的男女生比例为13∶1;但到2005年,这一比例已降至

2.8：1。这个变动幅度非同小可。

我想,有天赋的感觉一定非常好,但你必须成功地在天赋之梯上再上一阶,达到"极具天赋"的水平。这么说,那些刚好读到这里的顶级研究所里的数学家们,不知道会不会自我膨胀。在这个占人口总数仅百万分之一的群体内,女性的比例依然因时间、地点、文化背景而异。国际数学奥林匹克竞赛(以下简称"国际奥数")时长 9 个小时,参赛队均由 6 人构成,来自 95 个国家。测试时间之长就足以令人望而却步,6 道试题更是极具难度,每年只有少数几个(有时甚至没有)学生能拿到满分。我们对数学竞赛可能了解甚少,诚实地说,部分原因可能是 9 小时数学考试的现场直播收视率不会太高。因此有必要指出,这样的竞赛不是没有女孩参加,甚至还有女孩能拿满分。美国队的雪莉·贡(Sherry Gong)等人就凭出色表现获得过奖牌。贡在 2005 年的竞赛中获得银牌,又于 2007 年获得金牌。女孩能学好数学——而且她不是个例。研究人员指出:"很多女孩在解答数学问题方面都具有极高的天赋。"

研究人员的另一个重要发现是,你的数学天赋能不能展现出来,或者得到进一步培养,还和你所在的地域有关。1998—2008 年间,日本国际奥数队里从来没有女生,但韩国就曾有 7 个女孩参加比赛(顺便提一下,韩国成绩高于日本)。在斯洛伐克,极有数学天赋的女孩入选国家队参加国际奥数的机会,是邻国捷克共和国的 5 倍(斯洛伐克的成绩也更好。我这么说并不是过于看重成绩,而是想说,选女生并不是下策)。排名前 34 位的国际奥数代表队中女生比例从 0 到 0.25(塞尔维亚和黑山)不等。这不是毫无规律的波动,而是证明了社会文化、教育等环境因素的影响。

其实这种现象在北美洲也非常明显。在国际奥数代表队和夏令营中,不是像你想的那样,只有女生名额少的问题。问题其实更为微妙有趣。如果你是西班牙裔、非裔或印第安人,那么无论你的 X 染色体是 2 条还是 1 条,你最好还是趁早放弃 9 小时奋战的梦想。研究女生的相关数据,可以发现一些有趣的模式。

相比于在总人口中所占的比例,亚裔女孩在竞赛或夏令营中的人数并不算少。但是,也不是说只有白人女孩才有这个问题。那些在北美出生的非西班牙裔白人女孩中,这个问题最严重:她们在国际奥数国家队中所占比例还不到其占总人口比例的 1/20,她们从来没有进入过选拔严格的奥数夏令营。但出生在罗马尼亚、俄罗斯、乌克兰等欧亚国家、移民到北美的非西班牙裔白人女孩情况就大不一样,总体来说,她们在竞赛和夏令营中都保持了相应的比例。这个女性群体在职业生涯中也一样成功。她们进入哈佛、麻省理工、普林斯顿、斯坦福、加利福尼亚大学伯克利分校等大学担任教职的几率,是土生土长的非西班牙裔女孩的 100 倍。就其占总人口比例来说,她们达到了白人男性的水平。研究人员总结说:

综合考虑,这些数据表明,美国和加拿大国际奥数代表队中女生较少,可能主要是因为社会文化等环境因素的影响,而不应归因于种族或性别。这些因素很可能让那些极有数学天赋的、出生在北美的白人女孩,和比例一直相对较低的少数民族女孩无法展示自己并得到进一步培养。如果假设多数国家、多数文化环境中有天赋的女孩在多数情况下都不能充分开发自己的数学能力,我们预计有能力参加国际奥数奖牌的孩子中,女生至少应占到12%~24%(即塞尔维亚和黑山等国家中的比例)。在两性平等的社会中,这一比例可能会更高;不过,我们目前无法进行测量。

很多女孩的天赋没有机会被发掘,男孩也有类似的情况。研究人员承认,根据他们收集的数据,不能判断在男女完全平等的环境中,女生是不是能在数学领域和男生匹敌(或许还能超过他们,谁知道呢)。但男女的差距在不断缩小,说明数学领域的优势不是一成不变或天生的,而是与文化因素有关,因为这些因素将决定一个孩子的数学天赋能不能凸显,能不能被培养起来,还是泯然而去,甚至被压制到消失。

所以说,这对劳伦斯·萨默斯是个好消息,他不愿相信女性在科学领域比例低是因为"个体间差异与男性不同"这个"不幸的事实",他认为一定另有原因。平克也提醒萨默斯的反对者:"历史证明,我们愿不愿意相信一种假设,并不能引导我们正确判断它的真伪。"证据就摆在那里,男女的能力和成绩差异并不是固定的。这一点非常重要,因为第一章就说到了,这会影响我们对差异的看法。斯坦福大学心理学家卡罗尔·德韦克(Carol Dweck)等人发现,**你对智力的看法——不管你觉得它是不可改变的天赋,还是后天培养的能力——会影响你的行为、意志力和最终表现。**

那些认为能力是一种天赋而不可改变的学生,遭遇挫折时会更加脆弱。德韦克还指出,**刻板印象“就是对天赋的描述——谁拥有它们,谁缺少它们”。**德韦克告诉部分学生,每当他们做练习时,大脑就会形成新的连接,自己的能力也会提高,数学能力是可以通过努力提高的。结果发现,这些学生成绩有所提高,男女差异也缩小了(相比于对照组)。“男性变异性更强”的假说,自然支持高智商是一种固有特点,是男人独有的天赋。再加上女人白质含量不足、胼胝体过大,能够自我证明的预言要素就齐全了。

神经学中关于差异的观点很容易影响人的思维,这引发了一些道德关注。在最近的研究中,埃克赛特大学(University of Exeter)心理学家托马斯·莫顿(Thomas Morton)等人,从性别科学类畅销书摘了一段典型文字给被试阅读,这段文字将本质主义理论——男女的思维、行为差异有对应的生理基础,是固定不变的——说成是已经被证明的科学事实。另一组被试阅读的内容中,科学界对这个理论还有争议。宣扬“事实”的文章,让人更赞成生物学中性别差异的理论,相信目前社会对待女性很公平,两性的现状不太可能会发生变化。读这篇文的男人对歧视性的行为更不在意。与另一组被试中的男性相比，他们更赞成"如果公司经理倾向于雇佣男性，我会私下支持他"、"如果我就是公司经理，我觉得提升男员工比给女员工升职更有利于公司发展"。他们自我感觉更好——这对女性倒是个小小的安慰，我想你也会这么认为。

莫顿等人还发现了一个有趣的现象，对那些认为性别歧视已经不复存在的男性来说，给他们看一些证据，证明性别差距在缩小，反而会让他们对本质主义研究更有兴趣。研究人员展示了老鼠大脑性别差异的基因基础的研究，并声称这可能也是人类男女心理差异的原因。在被试对这个研究进行评价之前，他们先读了一篇文章，一部分人读到的内容是说，性别不平等现象仍然很显著，其他人读到的则是，性别差异正在缩小。而后者更倾向于认为"这类研究应该继续，应该给它们更多资金支持，这对社会有益，说明了男女不同这个客观事实，对理解人类天性有很大帮助"。

总而言之，莫顿的研究结果表明，某种程度上，女性地位的提高反而增加了对本质主义研究的需求。随着这类研究结果的传播，人们会抛弃性别差异的社会及结构性解释，不再期望社会会有所改变。职场中歧视女性的情况会进一步加剧，使"性别不平等无法避免"逐渐变成现实。

我想，现在应该禁止对大脑性别差异妄加解释和传播了。我们到底还要多久才能学会从历史中汲取教训呢？在这一章中我们看到，利用高新技术推测性别差异的，不是那些小心谨慎不愿出错的人。到目前为止，解释男女地位现状成因的种种大脑差异，最终往往都被证伪。但在此之前，这些猜测常被人夸大成客观事实，尤其是一些畅销作家。一旦这些关于男女大脑的所谓"事实"进入公共视野，它们就成为文化的一部分，盘踞不去。如此一来，它们让刻板印象（本来就会和人的思维不断相互作用）得到强化、变得合情合理，从而造成了神经学还在探寻成因的性别不平等现象。[115]

第三章 ‖‖‖‖‖‖‖‖‖‖‖‖‖‖‖‖‖‖‖‖‖‖‖‖‖‖‖‖‖‖‖‖‖‖‖‖‖

///////////////////////////////////////////////// **错觉也被遗传下去了**

## 第七节

### 不是你想中性教育就可以做到中性的

> 这让我开始更多地考虑基因的影响。她有两条 X 染色体,这就,怎么说呢,我不知道,因为我们也没有特意给她玩芭比娃娃之类的东西,我也不希望她玩……所以就算采取了中性的方式,她还是朝着典型的女孩方向发展了,我觉得挺奇怪的,我猜这就是基因吧。(中上阶层同性恋白人母亲对 3 岁女儿的描述)
>
> ——艾米丽·凯恩访谈调查中的评论(2006)

每次我跟家长们说我在写一本关于性别的书时,最常见的反应就是,他们会说自己尝试了中性化教育,不过根本没用(另一个常见的反应是礼貌地岔开话题)。社会学家艾米丽·凯恩发现,很多人都有这样的经历。她访问了42位背景各异的学龄前儿童的家长,问他们,当小孩的行为表现出典型的性别特征时,他们觉得原因是什么。很多家长会说这是进化或上帝决定的,因为男孩女孩有内在的生理差异,大多数人还提到了社会因素。但凯恩说,超过1/3的受访者——多为中产或中上阶层的白人——会把"生理原因作为最终答案"。而且,只有排除其他选项后,他们才会把差异归于生理因素。他们坚信自己的教育方式是中性的,因此只剩下生理因素这个解释。

　　　"(我的儿子们)不是没见过小公主那种东西……身边到处都是,但他们一点儿都不感兴趣,也从来没有要过肯和芭比娃娃那种女孩玩具……我想这是天生的,随处可见玩具,就是不感兴趣。"中上阶层异性恋白人父亲说,3岁和4岁的儿子对6岁女儿的玩具没什么兴趣。

　　父母发现孩子的行为从小就具有典型的性别特征,就像凯恩所说:"他们努力施行中性教育,但孩子的表现依然具有明显的性别特征,他们只能认为有些东西是不可改变的。"

　　他们得到了权威人士的支持。劳伦斯·萨默斯曾谈到女性可

能天生对科研领域的高端工作没有兴趣,也缺乏相关能力,他还在
托儿所的火炉边观察到一个证据:

> 我把玩具卡车(而不是玩偶)给两岁半的双胞胎女儿玩,
> 结果听到她们说,看,卡车爸爸背着卡车宝宝。虽然我也希望
> 这能有其他解释,但我想,这个经历确实能证明点事情。你可
> 能也不得不承认这一点。

在科学界对性别差异原因的学术辩论中,史蒂文·平克开了
个玩笑:"据说,有个术语特意用来指那些认为刚出生时男孩女孩
没有差别、在父母抚养过程中才有了性别特征的人。这个术语就
是'没生小孩的'。"

实行了中性教育却以失败告终的父母变成了一个笑话。现在
关于两性固有差异的书或文章中,几乎必有一段会幸灾乐祸地提
到他们勇敢但落空的教育方式:

> 我(劳安·布里曾丹)的一个病人曾给三岁半的女儿买了
> 很多中性化的玩具,其中有一个鲜红色的救火车。一天下午,
> 她走进女儿的房间,看到女儿用婴儿毯裹着卡车把它抱在怀
> 里,轻轻晃动着说道:"别担心,小卡车,一切都会好起来的。"

碰巧,我能说一个相反的故事。我的两个儿子都刚刚学会走

路,他们也会像劳伦斯·萨默斯和布里曾丹病人的女儿一样,虽然他们是男孩,但也会假装把卡车放到床上,把它们当成爸爸、妈妈和宝宝。

但父母说男孩和女孩的游戏方式不同也没错,虽然这种对比并不像人们所说的那样"黑白分明"。就像这一节开始的引文所说,人们一般认为,即便孩子成长的环境是中性的,这一切还是会发生。"但我们都已意识到……是因为男孩女孩本身就不一样,所以教育方式不一样。他们的行为模式不一样,是因为他们的大脑构造就不一样"(伦纳德·萨克斯)。

我们现在知道,这种"构造"的漏洞可不止一个。这一章我们还会看到,有很多微妙或者显在的原因,使得家长们实行的,或者只是想要实行的中性教育,与真正的中性环境不是一回事。

在婴儿出生前,中性教育就遇到了障碍。艾米丽·凯恩询问受访人在为人父母前更想要儿子还是女儿,回答表明他们对新生儿的期望本来就有性别倾向的。男人都更想要个儿子,一个常见的理由是想教他玩运动。"我一直想有个儿子……对男人来说,这很正常。我想教儿子打篮球、玩棒球等等,想想,你能跟儿子一起做多少事。"这是一个爸爸的答案(如果一个外星的科研工作者读到这段话,就算推论出女人没有四肢,大概也是可以原谅的)。调查中的妈妈似乎也认为,男孩女孩擅长的事不一样。凯恩发现,如果妈妈想要个男孩,是因为她们希望有人跟丈夫一起玩,比如运动,而显然跟女儿就不能一起做了。抚养女孩则与此截然不同：
"女儿,我更想要女儿……把她打扮得漂漂亮亮的,给她买娃娃,还
有,你知道,应该去上舞蹈课……有个女儿,你就能跟她做更多你
想做的事,但是儿子就不行。"但想要个女儿,更多的还是因为她们
能提供情感上的慰藉。只有女儿才会与父母保持亲密的关系,记
住他们的生日,这是人们没有言明的想法。虽然孩子尚未出生,但
他们认定儿子不会记得打电话或是在他们生日时送一束花。

怀孕后,准父母对男孩和女孩的期待也不同。社会学家芭芭
拉·罗斯曼(Barbara Rothman)请一些新妈妈描述孕期最后 3 个
月胎儿的情况。当时还不知道婴儿性别的妈妈,对婴儿的描述没
有太大区别。但要是已经知道胎儿性别了,妈妈的描述就大不一
样。她们都说胎儿"活泼好动",但描述男孩时她们会说"精力旺
盛"、"很有力量",罗斯曼开玩笑地称之为"'约翰·韦恩❶(John
Wayne)式胎儿'——'沉着有力'";但她们描述女性胎儿的用词却
更为温和,"不太剧烈,力量不是特别大,不是特别好动"。

卡拉·史密斯(Kara Smith)的经历也十分有趣。她曾研究妇
女问题,但现在转向了教育领域,怀孕期间她坚持进行记录。在怀
孕的整整 9 个月里,她将所有想对未出生的孩子说的话、表达的感
情记录下来。第 6 个月,超声波检查发现她怀的是个男孩。

---

❶ 约翰·韦恩(1907—1979),原名马里恩·米切尔·莫里森(Marion
Mitchell Morrison),美国著名电影演员、导演、制作人,以出演西部片
和战争片中的硬汉角色而闻名。

是个男孩。他比一分钟前更"强壮"了，他不能用"小家
伙"之类软绵绵、毛茸茸的词来形容……因此，我的声音低了
八度，不再柔和。我说话时更加简洁清晰，一改之前的女性腔
调。我希望他"强壮"、"活泼"，因此我跟他说话时也要"充满
力量"、"有阳刚气"，从而使他"内在的力量"得以发展。

这让史密斯大吃一惊，像她这样熟知性别社会化负面影响的
人，也会在对待婴儿时无意中遵循了性别刻板印象。她写道："坦
白地说，这个发现让我十分震惊。"这个妈妈——别忘了，这不是传
统的妈妈，而是研究女权运动、关注中性教育的妈妈——发现，在
孩子出生前，她居然就开始努力让他符合男性的传统形象。

这只是个人经历。但史密斯的观察记录——她的行为侵蚀着
自己的价值观——得到大量研究的证实。如果我们的行为判断都
和自己的价值观保持一致，这个世界会更加美好，这本书也能再少
几页。社会心理学家一直在研究隐性、显性过程的相互作用，怎样
塑造了我们的观念、感受和行为，他们强调我们必须认识到"不经
显在意识就发生的想法"。当内隐联想与更现代的"有意识的思
维"观点不一致时，这一点就显得尤为重要。内隐态度对我们的心
理影响重大，它会改变我们的社会知觉、从行为中流露出来、影响
我们的决定——就在我们意识不到的时候。

当胎儿还只是屏幕上的一个闪点时，父母对它的性别联想就
已就位了。这一节提到的数据并不多，但都暗示关于性别的隐性

或显性观念会让人对孩子未来的兴趣、价值观有了特定的期望,也让妈妈对踢着肚子的宝宝的认识有了倾向,甚至妈妈与宝宝的交流方式也被慢慢固定成型。

然后,孩子出生了。

"是个男孩!"罗布和克里斯兴奋地宣布杰克平安降生。渥太华的外祖父母霍利斯和玛丽琳·克里夫顿以及蒙特利尔的祖父母拉里和罗斯玛丽·廷克也感到十分自豪。欢迎这个小家伙!"是个女孩!"芭芭拉·洛夫顿和斯科特·哈斯勒高兴地宣布可爱的女儿出生了,她的名字是麦迪逊·伊芙琳·哈斯勒。祖父母和外祖父母也满心喜悦。

从这些出生通告里你能获得很多信息。2004 年,麦吉尔大学(McGill University)的研究人员收集加拿大两家报纸刊出的近 400 个出生通告,分析了其中表达的喜悦、自豪等情感。他们发现,在通告中男孩的家长更倾向于表示自豪,而女孩的家长则会表达喜悦。为什么这种感情会不同?作者认为,女孩的出生会使父母对这种依恋关系产生脉脉温情,而男孩则会触发自豪感,因为父母在潜意识中觉得他未来一定会出人头地。

心理学家约翰·约斯特(John Jost)等人发现,相比于女儿的出生,父母更有可能为儿子发布出生通告。在安全出生的婴儿中,男婴约占 51%,那么他们在出生通告中所占比例也应与此相似。

但在福罗里达州数千份出生通告中,男婴所占比例高于人们的预期——53%。差异不大(不过在统计学中属于显著),但确实存在(这只涉及传统家庭,即妻子改随夫姓的情况)。作者指出:"出生通告清楚地表明父母会不会因儿子或女儿出世而感到自豪,其中存在的性别差异出人意料,也让人不安。我们觉得,得知父母更愿意公开宣布儿子的降生,他们多数会感到震惊和羞愧,这表明性别的影响微妙、隐秘,但颇有效力。"不久前,西方社会还普遍认为男性比女性更重要(这种观点在很多发展中国家依然盛行)。如今,我们不会再这么想,但是,在内隐层面,我们是不是仍然觉得男性更高贵?

进一步分析该资料中婴儿的姓名发现,事实可能确实如此。约斯特等人研究了数千份出生通告中男孩和女孩名字的首字母,是与父亲相同还是与母亲相同。比如,罗素(Russell)和凯伦(Karen)会给儿子取名为罗里(Rory)或凯文(Kevin)。你可能会奇怪,这与内隐态度有什么关系? 原因是,在人们看来,所有字母并非地位平等。人们自己也没有意识到,他们会觉得自己名字的首字母比其他的更重要。

注意到这个现象,约斯特等人试图证明父母给孩子取名时会表现出"内隐式家长作风"。他们发现,男孩的名字更有可能与父亲名字的首字母相同,而女孩名字的首字母来自父亲和母亲的比例接近(这并不是因为男孩会以爸爸的名字来命名,这种情况在分析时已排除在外)。换句话说,家长们可能没有意识到,他们更重视父亲的名字,也许对儿子的态度也是如此,所以儿子名字的首字母才会与父亲相同。[116]

　　当然,给孩子起名会受到很多个人因素的影响。这些令人意外的发现背后到底有什么原因,我们并不能确认。但约斯特等人指出:"当代性别偏见和种族歧视的表现形式常常是'间接、微妙的,(有时)人们自己可能也没有意识到'。"在发达的现代社会,法律规定男性和女性生而平等,享有同样的发展机会,在多数父母看来无疑也是如此。当然,这种平等态度还是新生事物,在政治、社会、经济甚至个人权利分配方面也鲜有体现。正如佩吉·奥伦斯坦(Peggy Orenstein)所说,这是个"不断改变的世界",从孩子的名字和出生通告的措辞中,也隐约可以窥见父母不断改变的观念。孩子刚一出生,我们可能就会认为男孩女孩有不同特点,于是看待他们的方式也不同,但这并非我们的本意,甚至我们根本就没有意识到这一点。

　　在怀孕之前,不平等就开始了。而这也是父母教育的起点。

心理学家研究男女婴儿的差异时,实验对象是孩子,可不像压缩包装里的新产品似的,完全没有受到外界影响。婴儿刚一出生就表现出对母语的偏爱,这可能是因为他们在子宫里听到了母语的语调和节奏。婴儿就像是小小的学习记录机。发展心理学家保罗·奎因(Paul Quinn)等人发现,三四个月大的婴儿对女性面孔的兴趣比男性面孔大。研究人员猜测这可能是因为婴儿大多数时间都与照料他们的女性待在一起,他们对女性面孔更熟悉,因此也更喜欢她们。

他们测试了一些由爸爸照顾的婴儿,发现这些婴儿偏爱男性面孔。进一步的实验表明,婴儿偏爱熟悉的性别的面孔,是因为他们对这类面孔了解更多。与此类似,虽然新生儿没有固定的偏好,但 3 个月大时,他们看某个种族的面孔的时间就会比看其他的更长。甚至,不到 1 岁的婴儿就对照料者的情绪反应比较敏感。比如,他们通过表情或音调表示什么玩具可以玩、什么玩具不能碰。有趣的是,婴儿会讨厌那些复杂的信息——即使这意味着可以玩某种玩具。

这些发现意味着,我们研究很小的孩子的性别差异时,也必须考虑到环境和生活经历。当然,如果父母能够提供真正的中性成长环境,这就不重要了。但他们能做到吗?

男女婴儿的物质环境当然不会完全相同。毫无疑问,小女孩的生活中会有更多粉色物品,男孩则是蓝色的居多。另外,即使在很小的时候,他们身边的洋娃娃和玩具卡车的数量可能也不相同。

艾莉森·纳什和罗兹玛丽·克拉维兹克(Rosemary Krawczyk)调查了纽约和明尼苏达地区 200 多个孩子的玩具。其中年龄最小的一组是 6～12 个月的婴儿。他们发现,即使在这一组中,男孩的玩具也多"与世界有关"(如交通工具和机器),女孩的则"与家庭有关"(如洋娃娃和家务劳动用品)。

我们也有理由怀疑男孩女孩的心理环境不一样。心理学家发现,尽管小孩的行为或能力没有什么明显差别,家长对待他们的方式也会不同。比如,有研究表明,妈妈与女儿的交流互动更多,即使她们才 6 个月大。其实男孩与女孩一样,会对妈妈的话作出回应,喜欢待在妈妈身边。作者指出,这也许能使女孩像社会期待的那样擅长社交,而男孩则学会了独立。面对一个 6 个月大的女婴时,妈妈会对小孩表示高兴的表情更敏感,这说明对男孩女孩的不同期望会影响妈妈感知婴儿的情绪。期望的差别还会影响母亲对孩子体能的认知。研究人员给一个妈妈展示了一个可以调节坡度的通道,要求她们估计自己 11 个月大、已经会爬的小孩能够完成多大坡度,以及愿意尝试多大坡度。虽然实际测试表明,女孩和男孩的爬行能力及冒险意愿没有任何差别,但妈妈们一般会低估女孩、高估男孩——两项指标都是这样。这意味着在现实生活中,她们可能也会认为女儿不能完成或不愿尝试某些运动项目,同样她们也会对儿子作出错误判断。研究人员发现,等小孩学会走路、到了上学的年龄,妈妈跟女儿的交流更多,而且跟儿子、女儿谈论情感的方式不一样,这在某种程度上与女性是情感专家的刻板形象一致(有时甚至创造了这种形象)。

看起来,性别刻板印象会影响父母对待孩子的方式,哪怕他们自己都没有意识到。这并不令人意外。毕竟,内隐联想不会乖乖地被锁在潜意识中。它会影响我们的行为,还可能在我们没有仔细考虑或者无法仔细考虑自己的行为时,通过语调或肢体动作等流露出来。当我们心烦意乱、疲惫不堪或时间紧迫时(据个人经验,养小孩的过程中 99％的时间都是这种状态),内隐态度也会主导我们的行为。[117]耳濡目染,孩子是否也会受到父母对性别的内隐态度的影响?

以下是心理学家路易吉·卡斯泰利(Luigi Castelli)等人给3～6 岁的孩子播放的视频片段的文本:

> 阿卜杜勒(成年男性黑人):你好,我叫阿卜杜勒,来自非洲国家塞内加尔。
>
> 加斯帕雷(成年男性白人):你好,我叫加斯帕雷,我来自帕多瓦。我是意大利人。我不反对其他国家、可能肤色还与我们不同的人,来意大利定居。我很高兴你能来到我们的城市。我认为我们必须宽容,必须对所有人一视同仁,表示欢迎,我真的不介意他们的肤色。比如说,如果我的孩子与黑人成为朋友,我会非常高兴。为了使世界更加美好,我们必须接受彼此的差异。

　　加斯帕雷认为应该对不同肤色的人采取宽容开放的政策，我想每个人都会认同这一点。心理学家路易吉·卡斯泰利给两组学龄前儿童播放了视频，加斯帕雷在视频中表达了无论肤色、人人平等的观点，然后他们询问孩子："你愿意跟阿卜杜勒一起玩吗？""你喜欢阿卜杜勒吗？"另外一组孩子看到的视频有点不同，在这段视频中，加斯帕雷完全没有说到种族政策的话题，只谈到了自己在服装店中的工作，然后他们向孩子提出了同样的问题。

　　那么哪组孩子对阿卜杜勒最为热情？你可能猜测是那些听加斯帕雷正面倡导共同人性的孩子，真是如此吗？不。他的话没产生任何影响，起作用的是一些非语言的因素。

　　在其中一个态度积极的视频中，加斯帕雷的行为与演讲内容一致：热情地与阿卜杜勒握手，热情洋溢地聊天，坐在阿卜杜勒身边，身体倾向对方，频频与阿卜杜勒对视。但在另一版本中，加斯帕雷的动作与其表达的观点相悖：握手缺乏力度，语速较慢，犹豫不决，与阿卜杜勒隔了一个座位，身体略向后仰，远离他刚认识的非洲朋友，尽量避免对视。话题不涉及种族的视频也有两个版本：加斯帕雷的肢体语言传达了积极或是消极的信息。孩子们接受了这些非语言的暗示。对他们而言，行为比语言更有影响力。无论加斯帕雷说了什么，看到他热情洋溢的行动的孩子比那些看到他局促不安的孩子对阿卜杜勒都更为友好。

　　在研究人员看来，这个结果并不意外，它只是展现了孩子复杂的种族态度的又一个侧面。他们自然会推测，孩子至少在一定程度上接受了父母对其他种族的态度。但如果调查父母和孩子所持的观点，两者并不一致。父母持有偏见，小孩未必如此，反之亦然，孩子年龄越小这种现象越明显。但前提是你得直接问他们的态度。最近，卡斯泰利等人发现，白人妈妈对种族的内隐态度与孩子的观点一致。但她们公开表达的态度似乎对孩子没有任何影响。妈妈对黑人内隐态度越消极（通过内隐联想测试评估），她的孩子与黑人成为朋友、对黑人同伴宽容以待的可能性越小。

在种族问题上，孩子们习得的似乎是不断改变的思维中负面的那一部分。这并不是说，孩子们完全不注意语言信息（出于道德上的考虑，研究人员未使用宣扬种族歧视的视频。他们指出，如果以此作为对照组，可能会观察到语言信息的巨大作用）。重点在于，孩子也会接受那些没有说出来但通过其他更微妙的方式表达的信息，即使这与语言信息相悖。据我所知，目前还没有人研究过孩子对性别的显性态度会不会受家长内隐态度的影响。但值得注意的是，家长和学龄前儿童对性别的显性态度似乎没有任何关系。[118]卡斯泰利的发现使人怀疑，孩子对性别的态度并不是不受父母影响，相反，他们会接受父母性别偏向的内隐态度。比如，小朋友参加异性的游戏时，父母无意流露的细微而复杂的态度——不太热情的语调、不太关注小孩的表现——有没有对孩子产生影响？心理学家南希·威兹曼（Nancy Weitzman）等 20 多年前就指出："公开表达的观点可能比根深蒂固的潜意识行为更容易改变。"发展心理学家现在有工具研究父母对性别的显性态度怎样影响自己和孩子的行为,结果一定非常有趣。

种种迹象表明,当代父母对中性教育态度复杂。1991 年的一次大规模元分析涵盖了关于父母有没有区别对待男孩女孩的所有研究。尽管很多方面都没有差异,但有一项显著不同:父母鼓励孩子参加符合其性别的活动和游戏,不支持偏向跨性别的活动。当然,这项研究已是 20 年前的事了,有迹象表明,现在的父母会鼓励孩子参加跨性别活动。但透过这些性别平等的价值观,我们仍然能看到不断变化的思维里种种矛盾之处,特别是关于男孩是什么样的观念。

来自一个东南部城市的 26 个学龄前儿童的父母一致认为,应该鼓励女孩玩积木或小卡车,参加少年棒球联赛等竞技性体育项目。然而,当研究人员询问孩子们,爸爸妈妈是不是允许他们参加跨性别的游戏时(你妈妈会怎么想?爸爸愿意让你玩这样的玩具吗),答案与父母的说法大相径庭。比如,3 岁女孩中只有 1/4 觉得妈妈会让她们玩棒球或滑板(小女孩已经知道这两种游戏都是"男孩玩的"),而 3 岁男孩中却有 80% 会这么认为。

另外,这些父母几乎一致认为男孩和女孩都应该有良好的社交能力。然而与这个观点明显相矛盾的是,1/3 的父母不确定自己是不是会给儿子买洋娃娃或明确表示不会这么做。有趣的是,三五岁的男孩已经能意识到父母的这种矛盾心理,12 个男孩中只有 2 个觉得父母会愿意让他们玩洋娃娃。这离中性环境还相去甚远。

艾米丽·凯恩访问的父母则开放得多(但我们不知道他们的

小孩对他们的态度是什么感受），她发现一些父母"称赞"甚至鼓励小女儿男孩子气的行为。一位父亲说："我不想让女儿只会装扮洋娃娃，我希望她活泼好动。"他们也"认可甚至鼓励"儿子玩洋娃娃、玩具厨具、茶具等（不过有时也相当不情愿），他们认为这能使孩子学会做家务、照顾他人以及共情。然而，即使是这样的父母，也会谨慎地给儿子划定性别界限。很多父母会把芭比娃娃（很多小男孩都会索要这种玩具）划在界限之外，或是尽量消除她的女性特征——"我问他：'你想要什么生日礼物啊？'……他总会说芭比娃娃……我们只好让步，给他买了个全国汽车比赛协会系列的芭比娃娃。"还有一位父亲说，如果儿子"真的想学舞蹈，我会同意的……但是，我会再做别的事情进行中和"。

凯恩发现，与父母解释孩子的典型性别特征行为（你应该还记得，很多人将生理因素看做唯一可能的解释）相矛盾的是，"他们频频提到，自己采取措施来让小孩的行为符合性别，他们还认为年幼的儿子必须努力具备男子汉气概"。人们似乎更难认可男孩的跨性别表现，男孩子气的女孩被称为"假小子"，但具有女性气质的男孩却被称为"娘娘腔"，可就完全没有什么正面色彩了。[119]父母们已经知道，如果允许小孩偏离惯有的性别规范，他们可能会或者已经，遭到强烈反对。凯恩指出："父母会有意甚至从战略角度出发，考虑孩子的性别行为，有时还会进行干预，当然不是保证孩子自由发展，而是让他们符合正常良好的性别行为。"

虽然数据十分有限，但我们还是能看到这种有趣的局面。奥伦斯坦将 21 世纪这个飘忽不断的情势描述为"过去的模式与社会期望已被打破,但新观念似乎还是支离破碎、不切实际,有时甚至自相矛盾"。至少有些父母确实想让小孩挣脱刻板印象的束缚——然而甚至在孩子出生前,他们就已经对男孩女孩有了不同的期望。他们真诚地希望孩子们能够循着个人兴趣自由成长、全面发展——让性别规范见鬼去吧,然而同时,他们又引导甚至塑造了孩子的"性别行为",特别是男孩(一些研究人员指出,女孩到青春期也会受到这样的压力)。父母都说他们能接受儿子从事有悖传统的职业,比如护理,但在同一份调查问卷中,他们又表示更希望儿子符合传统性别角色。另外,尽管父母真诚地支持性别平等,但同时他们又鄙视女性气质,还阻止儿子习得这类特质。

那些想法在改变中(或许甚至只是表面支持性别平等,内心依然没有变化)的父母不会采取彻底的中性教育方式。而如果有家长刚读了本畅销书,书里宣称男孩女孩天生就不同或大脑构造不同,论调看起来又很科学,他们甚至就不会去尝试中性教育。婴儿似乎偏爱自己熟悉的东西,又对社会环境异常敏感。最近有证据表明孩子 2 岁前的兴趣就与刻板印象一致,我们该怎样看待这样的证据?比如,心理学家杰里亚那 · 亚历山大(Gerianne Alexander)等人观测了 5~6 个月的婴儿看粉色洋娃娃和蓝色卡车的时间。他们发现男孩女孩看两种玩具的时长没有差异。研究人员又计算了婴儿短暂注视(即凝视时间至少持续 100 毫秒)每种玩具的总次数,结果表明女孩对卡车的兴趣略小,她们注视卡车的次数比注视洋娃娃少，也比男孩看卡车的次数少。实验中给 1 岁的孩子小汽车、洋娃娃、饰品等物品，男孩女孩的选择会与刻板印象一致。比如，一项实验发现，1 岁男孩玩男孩子气的玩具的时间比女孩长，女孩子气的玩具则更受女孩喜爱。在这个年龄，跨性别玩具还没有成为"烫手山芋"，两性游戏行为的差异也不是很大。[120] 尽管在这个实验中两性表现确实不同，但女孩子气的玩具在男孩的游戏时间里还是占据了 37％的比例，男孩子气的玩具则占女孩游戏时间的 46％。另一个针对 1 岁儿童的研究也发现，尽管这个年龄的男孩玩男孩子气的玩具时间更长，但玩异性玩具的时间也与此相近，当实验人员问他们想要什么生日礼物时，他们选择球、洋娃娃、小汽车的可能性相同。

　　不过，差异确实存在。乍看上去，这些研究结果似乎为"儿童游戏行为中的性别偏好完全源于后天培养"这个观点鸣响丧钟。原因是，据我们所知，这么小的婴儿还没有性别意识。他们不会想"我是女孩，女孩不能玩卡车"，所以也不能据此决定自己的行为。萨克斯认为，这类研究的发现终结了"无知的时代"——20 世纪 60 年代中期至 90 年代中期，那个时候，认为男孩女孩学习、游戏行为天生不同属于错误的政治观点。但这些细微的差异真的能反映两性天生不同的倾向吗(顺便提一下，对社会环境是否影响游戏行为感兴趣的发展心理学家已经承认了这种可能性)？或许它们反映了婴儿对物理及社会环境的敏感性？6 个月大的女婴看粉色洋娃娃的时间比看蓝色卡车长，这是因为她天生如此，还是因为她在出生后这段短暂的日子里见过的粉色物品和洋娃娃比较多(而且两者总会与她们喜欢的照料者同时出现)、蓝色物品和卡车比较少? 1岁男孩玩塑料茶具的时间比较短真的是因为内在因素吗? 与女孩子气的玩具相比,9个月大的男孩对球和汽车更感兴趣,但在6个月前,他们还对洋娃娃、烤箱和婴儿车一视同仁,我们该怎样解释这个现象? 这些问题值得思考。

略有差异(甚至显著不同)的生活经历、环境、玩具、鼓励以及非语言交流对婴儿早期性别化的兴趣到底有没有影响,还有待考证。心理学家艾伯特·班杜拉(Albert Bandura)和凯·伯西(Kay Bussey)曾指出,婴儿以及初学走路的孩子无需性别意识就能对父母的"安排、引导、规范以及对性别相关行为的分类和评价作出反应"。

但有一点无可争议,我们会在下一节讲到,我们总是将性别之谜尽量简化,让孩子们去解决吧。

第八节

**小孩子都是性别侦探**

下次你在大商场里觉得无聊,或者没什么明确目标的时候,可以试试这个:找 10 个童装店去逛,每次都跟售货员说你想给刚出生的小孩买件礼物。然后看看有多少次对方会问你:"是男孩还是女孩啊?"你要是找个空闲的下午去,估计他 100％会这么说。如今,男孩女孩从出生起穿衣打扮就不一样,人们不再考虑为什么会这样,或是问问小朋友们怎么看待这个严格的规则。这规则确实严格。最近,为了给朋友刚出生的女儿买婴儿服,我就在服装店里徘徊不决。有件衣服精致可爱,但印着小汽车的图案。虽然我的朋友生活在英国,不是沙特阿拉伯,我也还是不能决定选这件。我知道,要是朋友真的给孩子穿上这套衣服,这一天剩下的时间,就会有很多陌生人恭喜她生了个漂亮儿子。等不到吃晚饭,她就能明白,要么给小孩穿上男生的衣服,要么被当成傻瓜,两者不可兼得。

　　关于小孩衣着打扮的这个规则很严格,但它其实是近期才有的现象。社会学家乔·保莱蒂(Jo Paoletti)说,19 世纪末时,多数孩子直到 5 岁还穿着不分男女的白衣服。童装开始使用彩色布料,标志着我们进入了用粉色/蓝色区分性别的时代,不过这种规则用了近半个世纪才逐渐定型。粉色一度是男孩的颜色,因为它"更强烈",接近红色,象征着"热情和勇气"。蓝色则"柔和优雅",象征着"忠诚与信赖",因此属于女孩。直到 20 世纪中期,现行的标准才固定下来。

　　不同性别对颜色的偏好如今根深蒂固,心理学家和记者不由地会把它归结于基因或进化方面的原因,但其实它不过只有50年历史。几年前,澳大利亚一家报纸上刊出文章讨论粉色公主现象的根源。记者列举了这样一些故事,很多妈妈想让小女儿远离粉色但以失败告终,然后得出结论:"这表明她的女儿或许天生如此",文中还提出这样一个问题:"小女孩长到2岁时,她体内是否有个粉色公主基因突然被触发?"也许在人类进化过程中,不喜欢冠饰和面纱的小姑娘都被淘汰了。为了避免读者把这个观点当做玩笑,记者就女孩痴迷公主角色的生理原因采访了著名儿童心理学家迈克尔·卡尔·格雷格(Michael Carr-Gregg)博士。"女孩之所以喜欢粉色是因为她们的大脑结构与男孩完全不同,"他告诉读者,"女孩处理情绪和语言使用的是同一脑部区域,男孩则不是。"我们之前从哪儿听过这个说法?"两性一出生就具有这些差异,但是你也不能忽略社会环境的影响,它会使差异进一步扩大。"(我从哪儿开始?)

但保莱蒂也没有说明,为什么孩子的穿衣潮流会改变。19世纪末,就不流行给2岁以上的男孩打扮了,这不是凭空冒出的,而是因为人们开始担心,男子气概或女性气质未必是随生理而来的。同时,越来越多的父母支持女孩参加体育活动,儿童心理学家警告说:"人们能够也必须让孩子具备正确的性别特征。"他们为男孩大声疾呼。世纪之交,心理学家逐渐意识到即使是婴儿也对周围的环境十分敏感。因此,"改变了童装风格的力量——对性别角色倒置的担心、认为性别特征需要教授的观点——也改变了婴儿服"。

换句话说,之所以设立了男孩女孩的颜色编码,就是帮他们学习性别特征。如今,初衷早已被人遗忘。但很多颇具洞察力的发展心理学家指出,这类习惯依然会吸引儿童关注性别。[121]

稍微想象一下,孩子一出生(甚至出生前)我们就知道他(她)是不是左撇子。父母按照习惯,给左撇子的婴儿穿上粉色衣服、包上粉色毯子、把他们的房间装扮成粉色调。左撇子婴儿用的奶瓶、围嘴、奶头是粉色或紫色的,长大后用的杯子、碗碟、刀叉、饭盒、背包也是这两种颜色,上面还印着蝴蝶、鲜花、仙女一类的图案。父母会让左撇子留起长发,婴儿时头发还短,就戴上发夹或蝴蝶结(也是粉色的)。相反,习惯用右手的婴儿则从不穿粉色衣服,也没有粉色的饰品或玩具。父母常常为他们选择蓝色,但长大后,他们会使用粉色、紫色以外的任何一种颜色。习惯用右手的小孩的衣服等物品上一般都印着汽车、体育用品和太空火箭,而不是蝴蝶、鲜花或仙女。他们的头发都很短,也不戴任何饰品。

在这个假想的世界里,父母不仅会用颜色和图案区分孩子习惯使用哪只手,他们还会直接说出来。公园里两个左撇子的妈妈喊道:"加油,左撇子们!""该回家了,"他们可能会说,"好吧,去问问那个右撇子你能不能再荡一次秋千。"在游戏小组❶里,孩子们无意中会听到这样的话,"左撇子都喜欢画画,不是吗?"有人问一个

---

❶　游戏小组(play group),家长组织的定期定点参加有监护的创造性社交游戏的学前儿童小组。

孕妇："这次你想要个右撇子?"在幼儿园中,老师愉快地欢迎小朋友:"左撇子、右撇子们,早上好。"在超市里,一位父亲骄傲地回答:"我一共有 3 个孩子:1 个左撇子,2 个右撇子。"

尽管左撇子和右撇子在家庭及社区里都相处得十分愉快,但孩子们还是会注意到,在其他地方左撇子和右撇子常常被分开。照顾他们的人——如最开始的照料者、儿童护理员、幼儿园老师——几乎都是左撇子,而建筑工地和垃圾车上则是右撇子;公共厕所、体育队、成人间的友谊甚至学校,都分左撇子、右撇子两类。

你明白我的意思了吧。

不难想象,在这样的社会中,即使是非常年幼的孩子也会很快明白一共有两类人——左撇子和右撇子,用不了多久他们就能熟练地根据衣着和发型等标志区分这两类人。另外,孩子们一定会觉得区分一个人是左撇子还是右撇子非常重要,因为人们不厌其烦地强调了这种差异。你能想到,孩子们会好奇,习惯使用哪只手到底有什么重要意义,是什么原因导致他们偏向于使用某一只手。

一直以来,我们都用这样的方式区分性别。所有与孩子相处过的人都知道,很少能遇到从衣服、发型或饰品上看不出性别的孩子。人们总能听到成人用这样的词区分性别:男人、女人、男孩、女孩等等。即使在没有必要的时候,也一样。妈妈跟小孩一起看绘本,会用性别词汇(如女人)指代故事人物的概率,是选用与性别无关的词汇(如老师或人)的两倍。就像成人总是习惯用左撇子、右撇子(或是英裔、拉丁裔,犹太人、基督徒)称呼别人,这也会使人注意到性别,将社会群体划分为两类。

区分性别——特别是通过衣服、发型、饰品、有没有化妆等习惯来区分,能教会孩子对身边的人分类。我们发现,三四个月大的婴儿就能够区分男性和女性。10个月的时候,婴儿就能记住男性或女性总是跟什么一起出现——如果照片上拿东西的男人之前只与女人一起出现过,那婴儿就会惊讶地多看一会儿;反之亦然。这说明孩子从很小的时候就开始学习性别的相关知识。快到两岁生日时,孩子们已经掌握了部分性别刻板印象的基本内容。目前已有证据表明,不到两岁的孩子就知道消防帽、洋娃娃、化妆品等属于哪个性别。这一时期,孩子们能够意识到自己的性别并表现出来。

对蹒跚学步的孩子来说,这是个转折点,他们不再是客观的观察者了。一旦你意识到自己是男孩(或女孩),就很难公正地指出什么属于男孩、什么属于女孩。孩子先是把学到的东西划进自己的小圈圈里(标上"我"和"不是我"),现在他们又开始解决奇妙的性别之谜。发展心理学家卡罗尔·马丁(Carol Martin)和戴安·鲁布尔(Diane Ruble)说孩子成了"性别侦探",不断寻找线索,看自己属于男孩部落还是女孩部落,他们并不会等待正式的指示。学术文献中充满了好玩的故事,都是关于学龄前儿童对性别差异有趣但错误的看法:

　　　一个孩子认为,男人喝茶、女人喝咖啡,因为在他家里就是这样的。有一次一个男性客人说要咖啡，这让他十分困惑。还有个孩子，跟父亲一起在冰冷的湖水里荡着双腿，问道："只有男孩才喜欢凉水，是不是，爸爸？"这些例子说明，孩子们不是被动地从环境中接收信息，而是会积极地寻找、品味这些性别线索。

事实上，小孩都乐于把世界按照"男人的"、"女人的"这种标准一分为二。马丁和鲁布尔在报告中指出，实验时很难找到一种孩子觉得是中性的刺激物，"因为小孩似乎会把任意一种带有性别倾向的元素归为男人的或女人的"。比如，给他们展示外星人的话，外星人的颜色或形状很难不引发性别联想。在小孩看来，甚至脑袋形状这种细节都暗示着性别——三角形脑袋的外星人会被看成男性（下文会解释原因）。一些实验性研究也证实，孩子会根据一些微不足道的证据得出类似"男人来自火星、女人来自金星"这样的结论。评价中性玩具（男孩、女孩喜爱程度相同的玩具）的吸引力时，男孩会认为只有男孩才会像自己一样喜欢这个玩具；女孩也是一样。

孩子会自发成为性别侦探，这并不意外。在他们降生的这个世界，性别通过穿着、打扮、语言、颜色、分隔以及符号等惯例不断得到强调。孩子身边的一切都在暗示，一个人是男是女这点非常重要。下一节会讲到，孩子还会从社会结构和媒体中了解到性别的含义——与性别相伴而来的是什么——这些还遵循着过去的准则。

第九节。───────────────────────────────

**是爸爸妈妈还是自己决定了男女？**

40年前,心理学家桑德拉(Sandra)和达利尔·贝姆(Daryl Bem)决定用中性的教育方式抚养自己的小孩杰里米和艾米丽。他们的目标是尽可能地让两个孩子不受社会性别联想的影响,至少在他们能以批判的眼光看待刻板印象和性别偏见之前。

具体来说,要做些什么呢?

计划分两步实行。首先,贝姆夫妇将小孩周围无处不在的性别联想减少到最低,也就是那些能让他们意识到这是属于什么性别的信息,比如不同的玩具、行为、能力、个性、职业、爱好、责任、衣着、发型、饰品、颜色、形状、情绪等分类。而最基本的要求是,这两位家长平摊家务,共同承担照顾孩子的责任。不用说,给小孩卡车和洋娃娃时表现要一致;衣服既要有粉色,也要有蓝色;鼓励小孩认识同性别和不同性别的玩伴,努力让他们看到从事跨性别工作的人。贝姆夫妇还会审查儿童读物,通过编辑、马克笔涂抹等方式,保证书里展示的世界也是性别平等的。

为了删除所有与性别有关的联想,我和丈夫都养成了一有时间就改书的习惯。具体方法包括:改变主角的性别,给插图里的男性卡车司机、医生、飞行员等人物画上长发和凸起的胸部轮廓,删掉或改写性别刻板印象类的段落。和孩子看绘本、读故事时,为了避免他们把所有没穿裙子或没戴蝴蝶结的角色当成男性,我们会特别注意措辞:"这只小猪在做什么?哎呀,小公猪或是小母猪好像在造大桥呢。"

贝姆夫妇计划的另一部分是,告诉孩子两性的差异在于身体结构和繁衍后代时扮演的角色,以此取代一般用以区分男女的方法。一般的学龄前儿童了解很多性别的相关知识,却不太清楚两性生理上的根本差异:男性拥有阴茎和睾丸,女性拥有阴道。

但贝姆的孩子不是这样。

> 我们的儿子杰里米 4 岁时曾决定戴一只发夹去幼儿园。那天一个小男孩跟杰里米说了好几次,他肯定是个女孩,"因为只有女孩才戴发夹"。杰里米试着跟那个孩子解释"戴不戴发夹并不重要","重要的是男孩要有阴茎和睾丸",最后杰里米甚至脱下裤子来说服对方。那个孩子不为所动,他就说:"每个人都有小鸡鸡,但只有女孩才会戴发夹。"

与其他孩子不同,他们不鼓励杰里米和艾米丽通过发型、穿着、饰品、职业等社会通行的外在标志判断他人性别。如果孩子问某个人是男的还是女的,他们"常常不作回答,而是强调如果看不到衣服下是什么,(他们)也不能确定"。

还有很多父母也像他们一样,努力使孩子避免沾染盛行的风气,仅凭外观就作出臆测。请你们也站出来吧,不要因所谓的主流而放弃。

我想你也会认为,贝姆夫妇的努力远远超出一般人所说的中性教育。用桑德拉·贝姆自己的话来说,他们是"非传统型家

庭"。[122] 一些读者会为他们欢呼表示赞赏,但另外一些人可能只会
瞥一眼哼两声。有个家长嘲笑说:"你怎么能因为克莉斯长着长头
发就说她是女孩呢?她的头发有阴道吗?"对此不管你怎么想,应
该都会同意,贝姆这种教育方式的工作强度及范围都说明,孩子生
活的环境中性别色彩是多么浓重。直到今天,社会结构、媒体和同
龄人依然会给孩子提供大量关于男子气概和女性气质的信息。

我们对生活中的两性模式已变得熟视无睹,法学家黛博拉·
罗德(Deborah Rhode)讲的这件趣事将此表露无遗:

> 一个妈妈坚持让女儿玩各种工具,不给她买洋娃娃,但后
> 来她发现孩子给锤子脱去衣服、唱歌哄它睡觉,于是终于放弃
> 了。"这肯定是激素决定的。"这个妈妈一度这样认为,直到有
> 人问她,在家里谁负责抱女儿上床睡觉。

孩子们会用自己新形成的观察能力,不断记录世界。一个 3
岁的孩子到我家里做客,敏锐地注意到我们共同照顾孩子,他评论
道:"拉塞尔是个奇怪的老爸,他像妈妈一样待在家里。"放学后到
我家玩的孩子有时会惊奇地问我儿子:"为什么你爸爸会在家?"
(不止一个朋友的孩子认为拉塞尔是世界上最好的老爸,放弃了炫
耀自己爸爸的打算。)从统计学的角度看,我的丈夫拉塞尔确实很
"奇怪"(在其他方面来说也是,不过在这里我们不关心那些)。经

验告诉我们,孩子从出生起,身边照顾他们以及整个家庭的人几乎都是女性,无论你认为这是对是错、原因何在,这都是个事实。很少有孩子能看到父亲做的家务比母亲多。事实上,就像第 7 节中所说,甚至在丈夫失业、妻子薪水极高的情况下,也不会出现妻子完全不做家务的责任分配方式。

澳大利亚心理学家芭芭拉·戴维(Barbara David)指出,少数认为夫妻的事业、闲暇时间同等重要并且平摊家务的家庭也会被当做数据异常点("奇怪"的点)剔除。在一个经典实验中,研究人员会给孩子看一段游戏视频,其中男女各有自己的一种仪式。之后,女孩们会模仿视频中的女性,男孩们则模仿男性,但是只有当他们确认这种行为是女性(或男性)普遍会做的,而不是某一个女人或男人的特殊行为,才会模仿。"因此,"戴维指出,"无论父母一方多么慈爱、多受孩子喜爱,都不能被孩子当做性别行为的榜样,除非孩子们通过观察外在世界、观察更多的人(比如自己的朋友圈或媒体)发现,他(她)就是这个性别的典型代表。"

如果是这样,可以预见,父母的平等观念会一天天被瓦解。因为,孩子本身和他们接触的媒体,都不会赞赏这种开明的性别态度。

比如,年纪小的孩子肯定不会用这种开放自由的态度面对性别。去年,我儿子在幼儿园里问同学他能不能看看一位小女孩的书。"不行,"小女孩对他说,"男孩不能看关于仙女的书。"这个持性别刻板印象的孩子毫不犹豫地告诉伙伴他越界了。发展心理学家有时会在一旁悄悄观察孩子在幼儿园里的表现,他们发现,孩子对那些行为与其性别不符的伙伴态度冷淡。发展心理学家贝弗莉·法戈(Beverly Fagot)注意到,尤其是男孩,别人会毫不留情地说他们"你真是个笨蛋,那是女孩玩的"、"这太蠢了,男孩不玩洋娃娃"。当一些孩子称赞、模仿、加入某种游戏或是批评、打断、放弃某种行为时,其他男孩、女孩就像是看到了某种行为准则。同伴的反馈会让一个孩子的行为更符合刻板印象,这丝毫也不奇怪。同伴的反应像是一种提醒,告诉孩子他们没有遵循性别规则,这就有效地阻止了孩子们的"跨性别"行为。事实上,仅仅是想到"被嘲压力",孩子们可能就会发生行为上的改变。有异性在旁边时,学龄前儿童玩符合自己性别的玩具的时间就比自己一个人玩的时间更长。类似的,4～6岁的男孩跟伙伴在一起时也会对男孩子气的玩具表现出更强烈的兴趣。大卫·伍德瓦德(David Woodward)注意到,在一组英国学龄前儿童中,男孩对打破性别潜规则表现得相当敏感。那些在幼儿园里普遍不会玩洋娃娃的男孩(一个男孩把娃娃藏在桌子下面给它穿衣脱衣,还一直注意着周围确保其他男孩不会看到),在自己家里却会玩得不亦乐乎。等一些比较传统且处于领导地位的男孩离开学校,性别规则就放松了,更多剩下的男孩开始玩洋娃娃,而且是在房间的角落里光明正大地玩。

媒体,跟同伴一样,也会不断把文化中的性别联想教给孩子。孩子接触的媒体并没能展现想象,提供超越传统性别角色的可能,而是严格定义性别角色,有时甚至比现实世界更为僵化:

《摩登家庭》(*the Jetsons*)是 20 世纪 60 年代的漫画家想象的未来家庭。乔治驾驶着微型车飞往办公室,简则用原子能烤箱把一种微小的药丸变成食物。尽管这个摩登家庭住在仿生建筑里,还有个机器女佣,但从两性关系看,他们可能还是"摩登原始人"❶(the Flintstones)。爸爸工作挣钱,妈妈不是待在家里就是去商店……尽管创作者在技术工具上表现出丰富的想象力……但他们未能预见家庭中发生的真正变化。

如今的绘本作者和插图画家似乎也觉得,创造一个奇妙的世界和探险,要比想象女人工作挣钱容易得多。1972 年发表的一个经典研究报告分析了著名的凯迪克奖❷(Caldecott Medal)的获奖作品,特别是 1967—1971 年的 18 个金奖和银奖作品。报告作者指出,(当时)女性已占劳动力市场的 40%,但"凯迪克奖的获奖作品中没有一位女性是有工作的",这很荒唐。现在孩子喜爱的很多经典绘本还是那个时期的作品,其中似乎有一条潜规则:插图中女性角色得围着围裙,要不就根本没画女性角色。有研究表明,直到今天,绘本中的女性依然受困于玻璃天花板,几乎不会踏进传统的男性工作领域,在外工作的比例也远小于绘本中的男性角色。

---

❶ 摩登原始人,20 世纪 60 年代美国风靡一时的动画片,以原始人为背景,用现代的手段表现原始人幽默趣味的生活方式。

❷ 凯迪克奖,美国最具权威性的绘本奖,始于 1938 年,是为纪念 19 世纪英国绘本画家伦道夫·J.凯迪克(Randolph J. Caldecott)而设立。

既然俘获英俊富有的王子的故事能稳赚不赔,他们何乐而不为呢?《迪士尼公主》(*Disney Princess*)杂志的目标读者是 2～4 岁女孩,它是大行其道的粉色公主现象的典型代表。公主题材的作品传达了过去女权主义者所谓的传统女性的理想——漂亮、善解人意、能求得佳婿。这些追求似乎依然在当代(至少是部分)公主系列的图书和杂志中占有一席之地:建议小公主"盛装打扮以引人注目",为了与野兽跳舞时头发像美女一样漂亮,还要"使用护发素"。等这些小女孩长到 5 岁,不再看这些天真的童话式爱情,她就可以开始看成熟版的故事了。但其主题依然是美貌和爱情,比如《芭比》(*Barbie Magazine*)杂志,它 3/4 的内容是(按照流行度排序)爱恋、名人、时尚和美女。

　　即使是在高质量的儿童文学中,刻板印象依然隐约可见。戴安·特纳·鲍克(Diane Turner-Bowker)研究了 1984—1994 年 41 个凯迪克奖的金银奖作品对男性和女性人物的描写,用这些形容词形容了一种性别:美丽、害怕、好心、迷人、柔弱、惊恐;另一类也是这些词:大块头、可怕、凶狠、伟大、恐怖、狂暴、勇敢、骄傲(如果你不确定这些词分别对应什么性别,问问身边接受中性教育的孩子,他们肯定知道)。不出意料,用于男性的形容词都比用于女性的更有力量、活跃、有男子气概。我们都知道去冒险时人们会选择跟哪一类人搭伴。

　　《打包少女时代》(*Packaging Girlhood*)的作者莎伦·拉姆(Sharon Lamb)和林恩·布朗(Lyn Brown)仔细阅读了近期凯迪

克奖的获奖作品,希望找出一个女探险家。"探险、激动人心、策划,这些都与女孩无关;插图中也没有女孩的身影。"他们说,"《走钢丝的米雷蒂》(*Mirette on the High Wire*)是 20 年来唯一以女孩为主角的探险类故事,你知道这不是个巧合。"遗憾的是,人们把小米雷蒂也错记成一个传统的女性角色,而非书里写的那个"勇敢机智的小女孩"。

尽管富有探险精神的女孩形象十分少见,柔弱的男孩则更难找到。很多研究人员发现,在儿童读物中突破性别刻板印象的一般是女性角色。就像在现实生活中,很多女性已跻身男性工作领域,但回归家庭的男性依然较少。儿童读物中,多半也是女性跨越了性别界限。比如,阿曼达·迪克曼(Amanda Diekman)和莎拉·默宁(Sarah Murnen)比较了 20 部以小学生为目标读者的经典畅销作品,其中一半被教育评论者称为不带性别偏见的作品[如《爱丽丝梦游仙境》(*Alice in Wonderlan*)和《密探哈瑞特》(*Harriet the Spy*)],其他的则属于性别歧视类作品[如《查理和巧克力工厂》(*Charlie and the Chocolate Factory*)和《学校屋顶上的轮子》(*The Wheel on the School*)]。他们发现两类作品的区别在于女性人物的个性、角色和娱乐活动是否与男性相同。但这些不带性别偏见的书像歧视性作品一样,绝不会让男性角色像女性一样温柔、具有同情心、承担家务,或是玩女孩子气的玩具、参加小女孩的活动。

调查美国的小学读物(用来教阅读的书)也能得到相似结论:"没有柔弱的男孩。"也没有什么柔弱的爸爸。1995—2001 年凯迪克奖获奖作品及同期畅销书中,爸爸的角色不多,而且疏于照顾孩子,"很少给婴儿喂饭、抱他们或是跟孩子聊天,对此漠不关心"。儿童电视节目也常常遵循性别刻板印象,甚至教育类节目也不例外。不过《探险者多拉》(*Dora the Explorer*)是个例外,它的主人公是一位勇敢的拉丁裔女探险家[到费希尔价格网(Fisher Price Web)查找与"多拉"相关的商品,你很快就能找到公主、美人鱼、时装等产品]。玩具商当然知道应该给男孩女孩分别提供什么样的玩具和游戏。拉姆和布朗观看了尼克儿童频道(Nickelodeon)几个小时的节目,记录了节目间的广告。在日常节目中,他们看到男孩玩乐高积木(Legos)、小汽车和玩具人,女孩玩的则是小公主、仙女、玩具厨具以及打扮时尚的洋娃娃。孩子会记住谁应该玩什么,研究人员修改了航空港系列玩具的广告,广告中玩这种玩具的既有男孩也有女孩,然后给一二年级的孩子播放。与观看传统男孩版本广告的孩子相比,这些孩子中认为女孩也能玩这个玩具的比例是前者的两倍。[123]

　　媒体还在更微妙的层次上显示了男女的区别——重要性。勒诺·韦茨曼(Lenore Weitzman)等人指出:"翻翻那些最佳儿童读物,孩子们一定会觉得女孩并不重要,因为都没有人肯花心思写她们的故事。书的内容也会给他们留下这种印象。"他们对凯迪克奖获奖书目的一项研究已成经典,研究结果表明其中近 1/3 的故事中根本没有女性角色。当然这些故事是有人物的,而且也有主要人物。苏斯博士(Dr. Seuss)的作品堪称经典,不仅深受孩子喜爱,父母也能在书中重拾乐趣。但拉姆和布朗注意到,在他的 42 本书中,没有一个主角是女性。[124]媒体将社会文化中的价值观赤裸裸地集中呈现给孩子,再现了男性享有较高地位这一事实。研究人员发现,这一痼疾依然存在于当代绘本作品中,很多作家和插图画家依然不愿使用女性角色。比如,分析近期凯迪克奖的金银奖作品和同期 155 部畅销儿童读物可以发现,男性角色被用做书名的比例是女性的 2 倍,在插图中出现的次数则比女性多 50%。[125]

书中没有明确性别的动物等角色也没能让读者联想到女性,因为妈妈读故事时总会把这些角色当成男性。如果角色没有明显的女性特征,那么它就是男性。我给孩子读故事时曾试着把它们当成女性,但这非常别扭。你自己试一下就会发现(原因可能在于,我们倾向于把人或其他角色当成男性,除非故事中作了特别声明。换言之,一直以来,男人能够代表人类,而女人只是女人)。除此之外,女性在电视电脑屏幕上出现的比例相对较低,广告甚至麦片盒上的中心人物也很少是女性。最近对 24 个国家 19664 个儿童节目的调查发现,主角中女性仅占 32%(如果只计算动物、怪兽、机器人等非人类角色,这个比例将下降到可怜的 13%)。调查 1990—2005 年票房前 101 名的 G 级电影❶发现,有台词的角色中女性不足 1/3,与过去的影片相比没有任何变化。[126]该研究的赞助方吉

---

❶ G 级影片,所有年龄均可观看的电影,没有裸体、性爱场面,吸毒、暴力场面也非常少。

娜·戴维斯研究所(Geena Davis Institute)在其网站上提出这样一个问题："这会给孩子传达什么样的信息？"

有如此充足的数据、有检验假设的无尽热情，难怪4岁的孩子就已经成为性别理论专家（我们甚至可以想象，一群学龄前儿童写出一串畅销书的题目——男人像华夫饼，女人像意大利面；为什么男人不熨衣服；为什么男人总是毫无头绪，女人总是少一双鞋子——甚至能写得更好）。对学龄前儿童来说，谁应该拿锤头、戴消防帽，谁拿扫帚和奶瓶，早就在"性别刻板印象101准则"里写好了。他们对此一清二楚。但最令人惊奇的是，他们甚至不用去看生物本质主义理论的畅销书展，就能利用文化联想的资料推导出抽象的普遍规律。

社会心理学家劳里·拉德曼(Laurie Rudman)和彼得·格里克(Peter Glick)将性别刻板印象概括为"恶劣但勇敢"（指男性坚强、竞争意识强、刚毅果敢）、"美好但弱小"（指女性温柔、善良、心软）。学龄前儿童似乎自己就能得出这个结论。发展心理学家贝弗莉·法戈等人指出"几乎没有男人会养熊"，但4岁男孩就能确定地指出长相凶猛的熊是属于男孩的，他们甚至会把不同的形状、质地和情绪（如执拗、愤怒和勇敢）分为男性和女性的。这就是我们上文提到的，为什么三角脑袋的外星人会被当成男性。这些性别暗示影响力非常大，5岁男孩甚至会自信地宣称，有棱角的棕色茶壶和看上去很生气、穿着黑衣服的玩偶都是给男孩玩的，而画着笑脸、心形图案的卡车和点缀着蝴蝶结的黄色锤子是女孩的。

仔细回想一下，这个现象真的十分显著。我确实听到很多父母公开给某种运动、玩具、活动、行为或是个性贴上性别标签。仅仅一个月的时间里，我就曾听到人们把给恐龙涂色、踢足球、吵闹、想按电梯按钮，说成男孩才做的事。但你很少会听到父母大声说："不行，不行，简！带棱角的是给男孩玩的，女孩不能玩。拿这个弧形的。"即使还不到上学的年龄，孩子们就能透过性别联想的表象，直达男性女性的内在本质，他们似乎从小就知道了女性是"其他的"。芭芭拉·戴维曾让四五岁的孩子选出一些物品以给火星人展示人类是什么样的，女孩会同时选出代表女性和男性的物品（如枪和洋娃娃），但男孩选的东西几乎都是男性的。

这一切都是贝姆夫妇努力避免的。想象着他们查看孩子的绘本，仔细地抹去插图上的胡须，添上凸起的胸部轮廓。我们就能理解，为什么一些只是给孩子买些非传统玩具的父母已对中性教育不抱希望了。

几年前,澳大利亚女权主义作家莫妮卡·杜克斯(Monica Dux)撰文批评父母纵容粉红公主现象,一位愤怒的家长说自己也对此表示反对,但女儿喜爱粉色是其真实自我的表达,否认这一点是不对的。

> 女儿一出生,我就发誓不会给她套上层层褶边装饰的粉色衣服,要让她玩小汽车和动物玩具。但事实证明,孩子有自己的选择,她喜欢一切粉色和带褶边的东西。我担心,要是不满足她,就像是我不许她做自己,而是要成为我期待的样子。而且,这才仅仅是个开始。

数以百万计的洋娃娃可以投放到市场,给女孩们营造一个粉色、镶褶边的世界。父母却担心自己会过度干涉孩子的爱好,而对此默不作声! 另外,尽管父母作了种种努力,孩子们的偏好还是与刻板印象一致,这让他们常常认为这只能用孩子的本性来解释,即艾米丽·凯恩所说的"排除一切,仅剩下生理原因"。但纽约大学发展心理学家戴安·鲁布尔指出:"孩子们不需要什么侦查,就能发现女性的外在特征:粉色、褶边、裙子。"辛迪·米勒(Cindy Miller)等人给学龄前儿童提出一个开放性问题:"告诉我,你觉得女孩是什么样的,描述一下。"这样他们就能知道,提到女孩时孩子最容易想到的是什么。最常见的答案与外貌有关,女孩留着长头发,女孩都很漂亮,女孩穿裙子,诸如此类。[127] 相反,对男孩的描述则集中于他们玩的游戏以及调皮、活跃的性格特点。

从小就开始积累的这类知识对小孩有什么影响？我们看到，社会中两性穿着打扮风格不同，颜色使用习惯、象征符号各异，还存在分隔现象，这些都使性别得以凸显。小孩周围的一切都表明，一个人是男是女意义重大。另外，2 岁时小孩就能明白自己属于哪一边。我认为，孩子产生性别意识前，父母无意或有意对他们进行的社会化，是不是就能解释小孩们略有差异的玩具偏好？这一点还有待证明。不过，理论上，**一旦小孩能意识到自己的性别，他们就能对自己进行社会化。**

这么想似乎有一定道理。成为某个群体的一员——随便什么群体——一般都能保证得到最低限度的偏爱。亨利·塔耶菲尔（Henri Tajfel）等人有个著名的最小差别群体实验，他们按照没有任何意义的标准将成人随机分配到不同的小组。比如，他们要求被试估计一些点的个数，然后根据高估或低估点数进行分组。你很难想出比这更没有心理意义的分组方式了。然而，就是这样随机短暂的分组，也会使人跟组员交流时比跟自己不同的人更热情。

事实证明，孩子也容易受群内偏见（in-group bias）影响，偏爱属于其群体的东西。丽贝卡·比格勒（Rebecca Bigler）等最近研究发现，如果分组具有明显视觉特征、权威人物也经常使用这种分组方式，这个现象会尤为明显。在一个实验中，幼儿园两个班里 3～5 岁的孩子分别被随机分为蓝队和红队。在随后的 3 个星期里，孩子们每天都（根据分组情况）穿着红色或蓝色 T 恤衫。在一个班级中,一切到此为止,老师没有再提过分组的事。但在另一个班中,老师经常会使用这种分组方式。孩子的小储物柜贴上红色和蓝色标签,有活动时两组孩子要分别排成一队,老师还会经常用颜色指代孩子("早上好,蓝队和红队的小朋友们")。3周结束时,研究人员调查了孩子对一些事情的看法。他们发现,仅仅是持续3周的分组行为本身就足以改变孩子的观点。比如,如果告诉一个孩子他(她)所属的小组成员都喜欢某个玩具,他(她)也会对之格外偏爱;他们还会表示更愿意跟自己组的孩子玩。尽管一些偏爱是两个班的孩子共有的,但在老师频繁使用红蓝分组的班中,孩子会在更多事情上表现出偏爱。

想象一下,如果将性别作为分组标准,这个强大的心理机制会催生出什么样的群内自豪感以及群外偏见(out-group prejudice)。在孩子眼中,从一开始,性别这种社会分类方式就凌驾于一切标准之上。性别特征非常明显地体现在穿着打扮的习惯上,另外,孩子还经常被贴上男孩女孩的标签并以此分组("现在,该男孩们去洗手了"),尤其是在幼年的教育环境中。而且,小孩与成人以及年龄较大的孩子不同,他们没有大学生运动员、医生、基督徒、艺术家等社会身份来界定自己。[128]戴安·鲁布尔等人认为,这种归属某个群体的内驱力可能是小孩坚持女孩子气或男孩子气的行为、穿着甚至不惜惹父母生气的原因。所以自我进行社会化的学龄前女孩会觉得,裙子的粉色褶边能给自己重要的性别身份。每个学期,我儿子的幼儿园都会举办化装舞会。一个打扮成小猫的女孩走进房间,发现其他女孩全都装扮成了公主、仙女。她立刻大哭起来,跟妈妈说:"我应该穿那套公主裙的!"在下一个化装舞会上,她确实是这样做的。

同样,我们也能想到,男孩总认为自己是"强硬的",那么吸引男孩的玩具和活动也应该与这种深刻的、隐喻式的理解相符。

在一个实验中,研究人员把"我的小矮马"蜡笔画给改了:刮掉鬃毛(一种"女孩子气"的特征),涂成黑色("强硬"的颜色),添上尖利的牙齿(能够进行攻击性行为)。男孩和女孩都会把改造过的小矮马看成男孩的玩具,大多数男孩(而非女孩)都非常想要一个。

顺便提一下,实验中一个 5 岁的小女孩"对盖着淡紫色绸缎的枪以及粉色皮革的头盔十分着迷"。

小孩的玩具偏好无疑会受到多种因素影响,他们对性别的理解仅仅是这个复杂集合的冰山一角。不过,尽管有关文献五花八门,但总体而言都指向两个方面:性别意识(我是男孩)和性别刻板印象(男孩不玩这种玩具),这些使小孩的游戏行为具有了典型的性别特征。[129] 比如,心理学家克里斯蒂娜·佐苏尔斯(Kristina Zosuls)等人发现这一过程始于不到 2 岁的阶段。他们观察了孩子 17 个月和 21 个月时的游戏行为,研究他们开始给自己及他人贴上性别标签(如女士和男孩)时行为会如何变化。17 个月时,男孩女孩对洋娃娃、茶具、梳子等用具和积木同样感兴趣,不过女孩玩卡车的时间相对较短。但 4 个月后,女孩玩洋娃娃的时间越来越长,男孩则减少。仔细研究这一转变会发现,区分性别与符合刻板印象的游戏行为有关。

对能够确定自己的性别、年龄更大的孩子,你可以改变性别标签,来观察他们的反应。在学校里,一些细微的性别标注就能让孩子的表现符合刻板印象,比如"这个测试可以评估你是不是擅长力学和机械操作"(与之对应的是刺绣、缝纫或编织)。在不到 6 岁的孩子中,给中性玩具贴上性别标签就能让他们的行为符合刻板印象。像是如果告诉 4 岁的孩子说木琴、气球是他们而不是另一个性别小孩玩的玩具,那他们玩这些玩具的时间将是原来的 3 倍。只要贴上合适的性别标签,一个不太受欢迎的中性玩具会立刻具备吸引力。相反,如果告诉小孩他们喜欢的这个新玩具是另一个性别的孩子才会玩的,玩具就会失去魅力。

如果告诉孩子,特别是女孩,你不是这个性别,也可以玩属于这个性别的玩具,那这种玩具的吸引力会大大增加。

在一个小样本研究中,丽贝卡·比格勒等人挑选了 8 个学龄前儿童,其中男孩、女孩各 4 人,他们从不会去碰那些男孩女孩都会玩的玩具。研究人员给孩子们讲了两个精心编写的故事,明显打破了性别刻板印象:一个故事的主角是充满活力的萨利·萨拉普卡贝基和她的飞行员妈妈;另一个故事是,比利·宾特发现了一个会说话的洋娃娃,对她宠爱有加。这两个故事改善了其中两个男孩排斥女孩子气的玩具的情况,他们开始尝试那些平时看都不看的玩具。故事对三个女孩的影响更明显。听过这些反刻板印象的故事后,女孩抛弃了小推车、玩具娃娃和熨衣板,开始玩救火车、积木和直升飞机。实验进行到最后几天,这些女孩甚至只玩男孩子气的玩具。讲过一系列萨利·萨拉普卡贝基的故事之后,人们已经很难区分这些曾经女孩儿气十足的孩子与先文提过的罹患先天性肾上腺皮质增生症的孩子(胎儿期睾酮异常偏高)。

现在,我们会怎样看待那些把"卡车宝宝"放进被窝的小女孩?如果只关注她一个人,那么我们得说,以失败告终的中性教育看上去确实很可笑。但是放大视野,看看无形的文化汪洋以及像海绵一样浸泡其中的孩子,你就会发现真正可笑的是有人认为这就是中性教育。艾米丽·凯恩指出,接受过良好教育的父母很快就退而接受生理学解释,这说明即使"教育领域的前卫人士,也缺乏社会学想象力"。话虽刺耳,但我想,事实确实如此。

5~7 岁时,孩子对于性别差异的看法最难改变。此后,随着年龄增长,越来越多的孩子开始明白,表现活跃、喜欢做东西、有时还会惹人心烦的不仅仅是男孩;具有同情心、会哭、打扫房间的也不仅仅是女人。少数没能意识到这一点的孩子会成为畅销作家,宣扬严格的性别刻板印象。[130]但是,即便不断增强的认知弹性能让他们有意识地改变或是驳斥某种性别刻板印象,我们也不得不承认这些刻板印象历久犹存,而且改造尚未完成的世界还在不断加强这种印象。它会一直在那儿,每当人们根据社会情境使用相应的性别身份时,它就会为这个自我概念充实细节。它会一直在那儿,无论是他们评价同事,还是与伴侣协商两人关系、个人特权的时候。或许,他们解释大脑性别差异时,它依然在那儿。它会一直在那儿,直到他们也为人父母。

一切周而复始。

# 备　注❶ /////////////////////////////////////////

1○ 社会心理学家收集了大量证据,指出我们总是试图进行辩护,"为事物的存在寻找理由,因此现存的社会结构常被看做是公平合理的,也许甚至是必然的、不可避免的"。

2○ 她指出:"奇怪的是,大脑使我们的行为模式灵活多变,但给这种几乎无限的潜力加以限制的,并非我们的生理基础,而是我们创造的文化环境。"

---

❶　受书稿篇幅所限,本书参考文献请详见果壳网,http://www.guokr.com/blog/787672/。——编者按

## 第一章　不断改变的世界,尚未定型的思维

3○社会学家塞西莉亚·里奇韦和谢利·科雷尔指出,我们对性别的看法
如此严格实在有些奇怪,"因为人们交往的对象中,没有人能不受种族、
教育水平等因素影响,只是一个纯粹的男人或女人"。

4○需要说明的是,这本书中很多研究都仅限于中产阶级、异性恋的白人。
不过,这个群体中的性别差异最有可能被当做性别角色划分的"必然
性"的证据。

5○布里安·诺塞克指出,如果被试是非常支持性别平等的大学生,他们内
隐的社会态度(如对待少数群体的态度)与其自述的关系可能十分微
弱,但在平等意识较弱的群体中,这种关系就会强一些。目前,人们尚
不清楚显性、内隐态度的关系及其他观点的本质,它们到底有什么区
别? 一切还在争论之中。

6○由约翰·特纳的自我分类理论可以得出这一结论。特纳通过自我身份
和社会身份的区分对该理论进行了详细阐述。尽管自我分类理论和
"活跃的自我"这种说法(以及"运转中的自我概念"等相似模型)都认为
自我会随环境不断变化,但自我分类理论认为,"自我不应被等同于持
久性的人格结构",因为社会情境能够激活的社会身份几乎是无限的。
在性别凸显的环境中,自我会进行调整以符合刻板印象。

7○60%的男性认为自己的大脑是 S 型,女性中这一比例为 17%(这一比

例中也包括"极端"E 型和 S 型大脑)。

8 ○ 西蒙·巴伦·科恩实验室进行的共情商数测试和"从眼中解读思维"测
试都要求被试在填写问卷前选择性别。本节后面会说明,两者表现出
相关性可能是因为,与性别有关的准则凸显使被试对共情能力的自我
报告和实际表现都得到不同程度的提高。

9 ○ 如果根据某人的测试成绩是高于还是低于平均值来猜测其性别,你的
正确率不会比凭空乱猜高多少。

10 ○ 格雷厄姆和伊克斯称,"非语言类敏感度"测试中的性别差异是"比较
明显的",在此进一步解释以使你有个更直观的印象:女性成绩的中位
数(排名 50%)与略高于平均水平的男性成绩(高于 66% 的男性)
相当。

11 ○ 如果要求被试在共情准确性测试后再进行自我评估,男性的测试成绩
也会与女性相近。

12 ○ 这一影响仅见于目标容易解读时。

13 ○ 值得一提的是,早期的这种性别差异并不意味着经验性因素对其没有
任何影响。比如,男婴得到的提高视觉空间能力的刺激物可能更多。
有趣的是,一项实验发现,来自社会地位较低、收入较少的家庭的男孩
女孩,在视觉空间类任务中表现都低于平均水平;而家庭背景较优越
的孩子,男孩表现会优于女孩。这说明了经验性因素对男性优势的重
要作用。另外,男性幼时的优势未必能够保持下去。在其他认知领
域,性别差异持续的时间并不长。

14 ○ 不用说,这是个复杂的问题。最近诺拉·纽科姆总结说,在心理旋转
类任务中,男性表现一般都优于女性,在较高层次上这个现象尤其明

显,空间视觉能力与物理、数学、计算机、工程等领域的成功密切相关。但她也指出,很难证明这些性别差异由生理因素引起而且不可改变。关于第一点,生理因素,她说尝试使用生物机制进行解释的假说都被证伪。(本书第二章对激素说和偏侧程度的性别差异这两个假说进行了讨论,X 染色体携带的空间能力隐性基因、男性发育较晚等假说都缺乏证据。)纽科姆还指出,尽管利用进化论解释空间能力的性别差异看似合理,但实际上还存在很多问题。比如,为什么"负责狩猎的男性"比"负责采集的女性"需要更好的空间能力? 纽科姆提出的另一个重要观点是,较强的心理旋转能力对进入高端领域真的非常重要吗?正如阿曼达·谢弗在《记录板》(*Slate*)上撰文所说:"在各个高端科学领域,空间推理能力的作用十分有限。那些知名学者也不需要整天凭想象旋转几何体。"纽科姆指出:"创新思维、阐释数据、激励研究团队也非常重要!"近期,一篇关于科学界女性比例偏低的"社会文化和生理原因"的综述总结道:"要建立男性在科学、技术、工程和数学领域的优势与其较强空间能力(可能是因为它对学习高等数学非常重要)的关系,目前的工作漏洞百出。至今还没有出现推理严谨、论据充分的理论。"

15 ○ 近期也有研究表明,玩电脑游戏能提高心理旋转能力,而且对女性作用更为显著。

16 ○ 在凸显男性特征的测试中,男性的成绩优于其他各组。

17 ○ 他们指出,尽管实验样本可能不足以代表所有群体,但其效果量表明,女生的学习能力数学测试成绩可能比其实际水平低 20 分(两性平均成绩相差 34 分)。非裔及西班牙裔学生的阅读成绩可能比实际水平低 40 分。

18○大卫·马克斯研究发现,与个人相关的刻板印象的影响大于一般性刻板印象。

19○后者发现,表现刻板印象的广告会使女性的行为与其趋于一致,对数学测试成绩产生负面影响。

20○没有性别倾向的考试形式(如:告知学生男女生平均成绩相同)能够提高女生的成绩,而且不会对工作记忆产生负面影响。

21○他们通过元分析得出结论,认为自己与数学关系不大的女性最不容易受刻板印象威胁影响。有趣的是,他们发现认为这种关系程度中等的女性受到的影响最为严重(甚于认为关系密切的女性),不过他们也指出这种"关系"并没有统一的定义。

22○刻板印象威胁对较为依赖工作记忆的数学类任务影响最大。

23○如果给部分女性展示擅长数学且与其"相似度较高"的女性榜样,给其他女性展示数学水平也较高但"相似度较低"的女性榜样,前者在数学测试中的表现会优于后者,一位鼓舞人心的女性榜样对女性大有裨益。社会比较过程领域的研究发现,他人对自我评价和行为的影响,取决于我们感觉上与其相似的程度。如果我们对其有"距离感",他们就会成为我们自我评价和行为的反面参照物。

24○值得一提的是,尽管有人认为睾酮水平对两性竞争意识的影响不同,但目前缺乏对女性的相关研究,无法进行比较。

25○刻板印象威胁对小学低年级和中学女生都有影响,但小学高年级女生在性别凸显的环境中表现却更好,这个结果出人意料。

26○这些关系甚至会影响社会中性别不平等现象的一般性表征。

27 ○ 事实证明,编程经验不能保证学生擅长计算机科学,因此入学标准不再注重编程经验,而是关注"学生是否表现出了在该领域的预见性和领导力"。

28 ○ 史蒂芬·塞西等人回顾了科学界女性比例偏低的生理及社会原因的相关研究,得出结论:生理原因的相关证据"自相矛盾、并不足信"。他们指出,证据大多指向女性偏好,但这既能看成自由选择也能看成"被迫"而为。女性一般在看门人测试(gatekeeper test)中表现不佳,他们认为这与社会文化因素而非生理因素有关。

29 ○ 如与工作相关的信息较少,性别歧视将更为严重。

30 ○ 有趣的是,如果使用模糊、主观的评价体系(很差—很好或不可能—很有可能),人们会选择凯瑟琳担任人事部门主管,而倾向于让肯尼斯当秘书。但是,研究人员指出,这是因为人们认为这个男性职位是为女性而设,凯瑟琳是女性中的最佳候选人,而肯尼斯则是男秘书的有力竞争者。如果使用更客观的评价体系,要求被试给出具体数字和百分位,这个模式就会被反转。

31 ○ 被试均为大学生,研究人员说他们的决定将与其他信息一起作为录用与否的依据。

32 ○ 有研究指出友善程度和竞争力是社会知觉的主要构成。

33 ○ 这一说法由《性别化的交谈》(Gendered Talk)作者珍妮特·福尔摩斯提出。

34 ○ 有趣的是,在这个实验中性别本身并不会影响歧视,不过这可能是由标准转换现象引起的。

35 ○ 假想自己遇到这种情况时,68%的女性认为自己会拒绝回答至少一个问题,16%的人说会退出面试,6%的人选择向面试官的上级进行举报。但在真正的面试中遇到性骚扰类的问题,以上述方式应对的女性比例分别为 0%、0%、0%。

36 ○ 注意,心理学家对如何解释这种现象尚未达成一致。

37 ○ 保持性别角色这个说法出自社会学家坎迪斯·韦斯特和唐·齐默曼的理论。

38 ○ 证据表明,性别歧视加剧了工资的影响;如果某个行业女性从业者比例较高或涉及抚养儿童的工作,其工资相对较低。

39 ○ 关于生活经历对性别观念的社会学研究表明,为人父母的经历不一定会对人的平等观念产生负面影响。那些在非常规年龄阶段生育孩子的父母就没有发生这种变化,而未婚父母在抚养孩子的过程中可能会更支持性别平等。

40 ○ 观看道德教育类视频也会促进母亲的哺乳,这表明其后叶催产素分泌增加。

41 ○ 韦恩·爱德华兹指出,"父母行为在神经及内分泌层面上是一致的",这一点根据简约法则也说得通。

42 ○ 汉密尔顿引述的报告《渴望平衡》(*Yearning for Balance*)指出,调查的 800 名成人中,40%的"改选闲适生活者"(即将生活重心由经济上的成功转为休闲和人际关系)为男性。

43 ○ 汉密尔顿此处指的并非性别,而是营销以及行政重心向经济增长转移对人们偏好的影响。

44 ○ 在新加坡和马来西亚,计算机科学也不是由男性主导。

第二章　性别偏见真的来自神经科学吗?

45○ 我用了"似乎"一词,因为据我所知,布里曾丹没有任何证据支持这些可怕的言论。为证明"大脑中与性别、攻击性有关的区域细胞增多"这个观点,布里曾丹在脚注中引用了与此不相关的老鼠脑皮层发育研究综述,但该研究没有提到任何性别差异。布里曾丹的"女性胎儿负责通讯及处理情绪的脑部结构的细胞会长出更多连接"论点,也同样并未找到与胎儿大脑发育相关的研究或讨论。

46○ 内生殖器官与外生殖器的发育机制、所需睾酮浓度及发育关键时期不同。

47○ 尽管非洲丛伯劳这种鸟两性个体的鸣唱复杂程度相同,但雄性控制发声的脑部区域更发达(即神经核较大、连接密集、突触更多)。这说明了什么? 也许鸣唱和控制发声的神经核体积之间的关系没有乍看起来那么简单。

48○ 伦纳德·萨克斯由老鼠视觉研究得出人类性别差异及单性教育的相关结论,马克·利伯曼对此进行了评论。

49○ 这包括不同的时间进度、生理影响和激素机制。比如,给刚出生的雌鼠注射睾酮会扰乱其发情周期(类似于人和灵长类雌性个体的月经周期),但人和灵长类的胎儿期睾酮就不会产生类似的负面作用。另外,性分化时期,鼠类和灵长类动物体内睾丸激素、雌激素的作用可能也不相同。

50 ○ 瓦伦认为:"鼠类性分化的模型可能并不适用于人类的性分化过程。"

51 ○ 指露出牙齿、怒视等"威吓"行为的频率。

52 ○ 怀孕后期对胎儿进行高浓度睾酮处理,怀孕初期施用同样高浓度的睾
　　　酮对打斗行为没有影响。对于鼠类和猕猴,胎儿期雄激素还会影响其
　　　爬跨等性行为。

53 ○ 早期使用氟他胺抑制睾酮分泌能够降低外生殖器的男性化程度,导致
　　　打斗、爬跨行为偏向中性化。后期抑制则会使阴茎变短,但对打斗行
　　　为没有影响(但对雌性而言,后期的睾酮处理似乎对打斗行为影响较
　　　大),还会增加爬跨行为,这与人的预期相反。

54 ○ 戈尔斯基补充说:"人类并未表现出类似现象。"

55 ○ 古里安研究所出版的一本父母读物声称:"她在子宫里时不会像男性
　　　胎儿那样睾酮激增,因此她的大脑会沿女性大脑的预设路线发育,形
　　　成专用于处理通讯、情绪记忆和社会交往的神经回路。"

56 ○ 注意,根据此模型可以得出,胎儿期睾酮浓度过高会损害大脑右半球
　　　的发育,进而影响视觉空间功能。有研究人员和评论者指出,这个模
　　　型并没有证据支持,但它依然得到了公众和科学界的关注,极具影响
　　　力。鲁斯·布莱尔详细分析了这个模型,卡罗尔·塔夫里斯对她的评
　　　论和数据进行了总结。该模型的正式名称为格施温德—贝汉—加拉
　　　布尔达(Geschwind-Behan-Galaburda)模型,它建立了胎儿期睾酮、左
　　　手习惯、天赋及免疫系统功能之间的联系,对其数据的一项综合分析
　　　指出:"整体评估该模型发现,它缺乏经验证据支持,另外,理论几个关
　　　键部分的相关领域存在的证据恰与其矛盾。"

57 ○ 与成人及年龄较大的孩子不同,新生儿无论男女都是大脑左半球较
大。另外,成人大脑模型缺乏证据支持。上述发现与鼠类研究结果相
反,后者表明雄鼠大脑右半球较大,而且这与刚出生时的睾酮水平有
关。注意,戴蒙德总结该研究时也指出,经验性因素对大脑两侧半球
的不对称性影响很大。我不知道研究人员是否调查过,新生儿的睾酮
会直接影响大脑的偏侧性还是通过引发不同社会经历产生间接影响,
或者两者兼而有之——西莉亚·摩尔提出了间接影响这种可能性。

58 ○ 巴伦·科恩提出:"你拥有的这种特殊物质越多(指睾酮,特别是在发
育初期),你的大脑将越适于系统化思维,而不适于处理情感关系。"目
前还不清楚"极端男性化"是不是对孤独症患者的最佳描述。你可能
还记得第一章讲过,共情分为认知共情(思维解读)和情感共情(同
情)。西蒙·巴伦·科恩在其颇具影响的作品中指出,孤独者患者存
在认知共情障碍,也就是说,他们似乎无法理解他人的意图、观点、感
受,而我们多数人凭直觉就能轻松做到这一点。不过现在有研究表明
孤独症患者具备情感共情能力。这对巴伦·科恩的理论提出了质疑,
因为就像利维所说,根据巴伦·科恩的理论,典型的男性应该恰恰与
此相反。巴伦·科恩认为,男性欠缺的是情感共情能力而非认知共情
能力,后者对男性主导领域的成功至关重要(想象一下,一个不善解读
思维的人在商业、政治或法律行业的表现会有多糟糕)。还有一种可
能也值得一提,即胎儿期的高睾酮水平"使孤独症的症状更容易表现
出来",而非直接导致了孤独症。

59 ○ 回想一下西莉亚·摩尔的研究,她发现早期睾酮会影响母鼠的行为。
胎儿期睾酮可能会影响幼鼠外貌(如使其面孔具有雄性特征),从而改

变母鼠对待它们的方式。还有一种可能是,胎儿期睾酮较高的幼鼠,

其亲代与同类个体存在差异,会给子代提供不同的成长环境。

60 ○ 至于母体睾酮的使用,一项临床实验直接测量了胎儿睾酮,发现它与

母体睾酮具有相关性。但范德贝克等人发现,身怀男孩的孕妇睾酮水

平并不比身怀女孩的孕妇高,这表明"母体血清内的雄激素浓度并不

能准确反映胎儿的激素环境"。另外,只有"游离态"睾酮(即睾酮未与

其他分子结合)才能对大脑产生作用。一种间接测量方法是测定性激

素结合球蛋白的浓度,这种球蛋白越多,游离态睾酮就越少。两项研

究均利用母体血清对这两个指标进行测量。一项研究发现一种性别

特征行为与母体睾酮有关,但与性激素结合球蛋白无关;另一项结果

恰与之相反。现在还不确定哪一个指标(如果有的话)能作为胎儿睾

酮环境的替代值。至于羊水睾酮,"还没有直接证据能够证实或否定"

它与影响胎儿大脑的睾酮浓度相关。范德贝克 2004 年提出,羊水睾

酮是反映胎儿睾酮环境的最佳指标,但他们也承认尚不清楚羊水(其

主要来源为胎儿尿液)和胎儿血液中睾酮浓度的关系。范德贝克等人

指出:"目前缺乏有力证据证明羊水睾酮和胎儿血清睾酮存在直接关

系。"最后,用指长比表征胎儿期睾酮的做法也具有争议,缺乏经验性

证据。一位研究人员曾指出:"随意使用成人的某种生理指标表征胎

儿的雄激素环境是不合理的。"指长比似乎是该研究领域最具争议的

胎儿雄激素环境指标,所以我并未对使用该技术的研究发现进行

总结。

61 ○ 单一性别内存在这种相关性意义重大。否则,可能仅仅因为男孩的胎

儿期睾酮高于女孩,人们就认为社会化过程中形成的心理差异都与胎

儿期睾酮有关。

62 ○ 综合分析男孩女孩的数据,羊水睾酮与眼神交流的频率呈线性负相关,即羊水睾酮较高的孩子眼神交流的频率较低。但是,两者似乎还存在某种二次关系,即在羊水睾酮低值域,眼神交流频率随其增大而减小(与预测相符);但在高值域,眼神交流频率却随其增大而增大。单独分析男孩的数据,两者也呈现上述关系。单独分析女孩的数据,羊水睾酮与眼神交流频率似乎没有任何关系。也就是说,这些数据与下述观点相矛盾:"出生前你的睾酮水平越高,你现在进行眼神交流的次数越少。"需要说明的是,该研究使用的方法非常奇怪。实验过程中,他们不断给婴儿展示不同的玩具,这会在不同程度上影响各个婴儿的注意力。还有一点需要指出,实验测量的是眼神交流的频率(实际上,这根本就不能称为眼神交流,而只是看"父母的面部"),而非眼神交流的持续时间,尽管两者存在一定的关系。

63 ○ 多元回归分析发现,个体的社交能力可以根据胎儿期睾酮水平预测,与性别无关。但是,单独分析某一性别的数据未发现任何显著关系。还需要说明的是,该领域男孩女孩的差异在统计意义上并不显著(不过确实存在这种趋势),早期对 6 岁儿童进行的类似研究则未发现性别差异。所以,即使羊水睾酮确实与该量表评估的能力有关,也缺乏可靠证据表明男孩女孩存在差异。

64 ○ 在这个实验中,4 岁的孩子观看了以各种形状为角色的动画片。在其中两个短片中,各种形状的行为让人觉得它们是按照心理状态而行动。孩子要根据影片内容回答问题,大量提问都由同一位研究人员完成并未说明提问者不了解经验假设或羊水睾酮,这存在一定问题,因为提问者可能会在无意中给予女孩更多鼓励。无论以所有孩子还是某一性别的孩子为研究对象,心理状态(故事角色的观点、想法、意图等)和情感状态(如喜悦、悲伤)术语的使用都与羊水睾酮水平无关。女孩使用的情感状态术语远多于男孩,但心理状态术语的使用没有显著的性别差异。对判断性陈述(如"三角形认识路")的层级回归分析表明,羊水睾酮是唯一显著的预报因子。然而单独分析女性的数据,没有发现羊水睾酮与判断性陈述的关系,但男性的数据中存在这种相关性。判断性陈述使用的性别差异仅处于趋势水平,男孩作出的中性陈述比女孩多(如"那儿有个小三角形")。虽然羊水睾酮是中性陈述唯一的有效预报因子,但单独分析男孩或女孩的数据并未发现这种相关性。总体而言,这些负相关关系并不能充分证明,羊水睾酮与使用心理状态术语描述动画片中的各种形状的倾向有关,也未能证明这种倾向存在性别差异。

65 ○ 对儿童共情商数进行层级回归分析发现,唯一的有效预报因子是性别。换句话说,羊水睾酮与共情商数无关,决定其成绩的是与性别有关的其他因素。另外,男孩的羊水睾酮与共情商数呈负相关,女孩则没有这种相关性。

66 ○ 儿童版"从眼中解读思维"测试的数据证实了这些假说。但是,文中指出,两性表现的差异并不显著——事实上,作者说他们之前发现女孩在该测试中并没有特别优异的表现。仅这一项研究就足以表明巴伦·科恩的观点可能存在问题,儿童测试表现的性别差异将比母亲的报告更有说服力。

67 ○ 最近,通过两项问卷调查发现,羊水睾酮与孤独症亚临床症状存在相关性。其中一个问卷是儿童孤独谱系商数(Autism Spectrum Quotient-child),包括思维解读、社交能力两个部分。尽管这两个指标都与胎儿期睾酮有关,但作者并未说明单一性别内也存在类似的相关性。

68○ 使用大样本研究发现,指长比与共情商数或"从眼中读取思维"测试成绩均无关。就像前文所说,我不打算在此探讨指长比的相关研究。

69○ 巴伦·科恩认为,系统化"需要准确把握细节,因为如果你把不同的输入或操作彼此混淆,世界将变得大不一样"。然而,在我看来,如果说共情需要关注细节似乎也有道理,否则,你可能就无法根据别人"泄露"的情绪辨别其真正的感受,或是尽力让他人感觉好一点儿。另外,能否从细节中获益还取决于是否注意了正确的细节。关注无关的东西对理解系统毫无帮助。前文引述的诺贝尔奖获得者的话也表明,有时取得突破性进展依赖于对整体情况的把握,而非个别细节。

70○ 该研究表明羊水黄体酮(一种与女性密切相关的激素)浓度与对男孩子气玩具的偏好呈相关,这个发现出人意料。研究人员认为这一关系可能站不住脚。

71○ 女孩心理旋转的速度与羊水睾酮呈正相关,男孩的旋转速度却随羊水睾酮浓度增大而减小,他们在测试中也未表现出优势。另外,海因斯指出,性别差异常见于旋转准确性,但它与羊水睾酮无关。

72○ 文章称"试验中特别注意了不要泄露婴儿的性别",这表明这类信息是存在的。另外,在接受《前沿》(Edge)杂志采访时,西蒙·巴伦·科恩提到,有时康奈兰确实会通过贺卡等判断出婴儿的性别。

73○ 关于对运动的偏好,菲利普·罗沙写道:"相比于静止物体,婴儿从一出生就更容易注意到运动的物体。研究人员发现动态物品确实比静态物品更能吸引婴儿"对新生儿凝视行为(相对于闭眼)的研究也由康奈兰的团队完成,对象可能还是同一组婴儿。(两项研究使用的视觉刺激都是康奈兰的面孔)。有趣的是,该研究发现男婴的凝视行为并不比女婴少。

74○ 斯佩基也强调,没有证据表明两性构建核心认知系统这一数学能力的基础时存在差异。

75○ 一项研究以119对3岁同性双胞胎为对象,检验了一系列心理理论(Theory of Mind),但未发现性别差异。但对5岁儿童的后续研究发现女孩略有优势。这与大量儿童心理理论研究的结果一致,纳什、格罗西以及发展心理学家艾莉森·格普内克都曾提到这一点。对儿童面部表情处理的元分析表明,女性略有优势。但我们在第二章讨论过,两性在威廉·伊克斯等人设计的共情准确性测试中表现相同,因此我们还无法确定该怎样解释上述发现。尽管巴伦·科恩认为,打斗游戏和直接攻击(如身体攻击)更常见于男性,这可能反映了其较弱的共情能力,直接攻击要求的共情水平低于间接攻击(如散布谣言、搬弄是非、排外),但目前尚不清楚事实是否如此。比如,也可以说要在打斗游戏中获胜需要能敏锐地捕捉同伴的暗示。另外,一些(虽然不是全部)研究发现,儿童觉得间接攻击比直接攻击更容易造成伤害。

76○ 巴伦·科恩曾指出数学、物理等领域性别差异的可能原因,此外,康奈兰等人称他们的发现"表明(两性社交能力不同)部分原因在于生理因素,这一点无可置疑"。但在我看来,其实验方法以及新生儿视觉偏好和社交能力之间未经证实的关系都值得怀疑。

77 ○ 增生症女性的性别认同似乎与正常女性不同，不过差异并不显著。
2003 年发现，43 个增生症女孩的性别认同分数在假小子式的女孩和
正常姐妹之间，与外生殖器的男性化程度或做外生殖器整形手术的年
龄无关。有研究表明增生症女性中病情严重者的变性倾向比对照组
高。注意，我在此说的性别认同是指对"你曾希望自己是男孩吗"这类
问题的回答，而非不确定自己的性别身份。

78 ○ 与对照组相比，7～10 岁的增生症女孩对男性职业的喜爱甚于女性
职业。

79 ○ 曾有观点认为胎儿期雄激素水平就像是"埋下了职业选择的种子"。

80 ○ 布莱尔评论该领域早期研究时指出："作者及后来的科学家都只取了
'假小子'（如游戏偏好、服装风格选择、职业兴趣等）的表面意思，把它
作为男子汉气概这种特性的表征，认为它像身高、眼睛颜色一样是人
客观存在的内在特点。然而，'男子汉气概'是一种性别特征，因此它
是由文化塑造的，而非天生。"

81 ○ 该研究的实验对象染色体核型为 46,XY，这导致雄激素效应全部或部
分丧失。

82 ○ 以英国孩子作为样本时，必须用乐高玩具飞机代替林肯积木，因为使
用后者未能发现美国孩子表现出的性别差异。一个较早的研究也发
现，对照组女孩玩林肯积木的时间最长，超过任意一种男性或女性玩
具。大脑袋玩具网（Fat Brain Toys Web）的数据尽管不是最具科学性
的资料，但也表明父母可能低估了女孩对林肯积木的喜爱，这类玩具
大部分（我查看时是 80%）是买给男孩的。

83 ○ 研究发现，母体性激素结合球蛋白浓度（它能与睾酮结合，可以认为其

与游离态睾酮成反比)与成年后的性别特征行为存在相关性。如前所述,目前尚不清楚母体睾酮或性激素结合球蛋白能否作为胎儿雄激素环境的指标。该研究中的信息也很难确定,多少性别特征行为可以归因于文化因素,多少又源于心理倾向。同时发现羊水睾酮和性别行为之间没有相关性。

84○ 该实验还介绍了影响猴子的其他因素,以解释为什么它们周一玩球的时间比周二玩娃娃的时间长。比如,猴子可能觉得周一放入围栏的东西非常有趣,但周二它却没有玩的心情。

85○ 研究人员认为平底锅吸引雌猴可能是因为它是红色的。

86○ 研究人员记录了猴子与玩具的互动类型,但未给出这部分资料。使用互动的总频率或总时长会导致结果略有差异。在前一种情况中,两性对毛绒玩具的偏好差异显著。

87○ 马修斯等人 2009 年重复了安妮·福斯托·斯特林曾讨论过的一个实验。她指出,胎儿期睾酮水平较高会使婴儿兴趣减小,这意味着"睾酮会影响婴儿兴趣的发展,但关爱他人这种性格特点却与较高的雄激素水平无关"。

88○ 需要说明的是,使用雄激素受体拮抗剂有时会得到矛盾的实验结果,这意味着该方法也许不能直接抑制雄激素的作用。不过,怀孕初期使用确实能取得预期效果,使胎儿外生殖器女性化。

89○ 研究发现,1 岁猕猴仅在触摸行为(即动物用手短暂地触碰婴儿)中表现出性别差异,但总体而言它们与婴儿的互动都非常明显。

90○ 错误的分析方法导致目前发现的一些大脑活动和刺激、社会特征之间的关系是片面或不正确的。文中还对技术的不当使用表示担心。神经影像专家洛戈塞蒂斯最近指出，"很多（功能性磁共振成像）领域的论文都过于简化了大脑活动，因此毫无价值。而且，令人遗憾的是，很多实验者并不明白这种技术能做什么、不能做什么"。

91○布莱尔指出，没有理由认为偏侧化程度越高，视觉空间能力越强。她还针对胼胝体的原始数据及阐释进行了分析。

92○针对男性偏侧化程度较高的假说及其缺乏数据的情况，布莱尔也进行了简要总结。

93○两性语言偏侧性差异的研究也存在选择性发表的现象。

94○萨默等人研究了不同的分听测试，发现名为 CV（C）的测试中确实存在人们预期的性别差异。有趣的是，使用该测试的全部为关注性别差异的研究者。事实上，意在研究性别差异的实验常常能够得到预期结果，而顺带提及性别的报告一般都不涉及性别差异。他们怀疑这是选择性报告引起的，因此分析了卑尔根分听数据库（Bergen Dichotic Listening Database）中关于 CV（C）测试的大量数据。该数据库中的资料均未曾发布，数据量是元分析资料的 3 倍多。但他们并未发现性别差异。

95○大脑右半球损伤导致失语症的比例在男性和女性中分别为 2%、1%。

96○海德曾对语言、交流的相关研究进行元分析，卡梅伦总结说："所有指标的性别差异都非常小甚至接近于 0，只有拼写正确率、微笑频率两项较大——但也不是很大。"瓦伦廷也在综述中说："在语言能力发展的早期阶段，女性一直略有优势，但它似乎会在童年时期消失。成人的语言能力、处理语言的大脑结构及功能几乎都不存在性别差异。"瓦伦廷还关注了语言能力性别差异研究的选择性报告现象。

97 ○ 参见布莱尔对德拉科斯塔·乌塔姆森和霍洛韦 1982 年报告的讨论。该研究使用了 14 个大脑,但其年龄、死因不明,其结果在统计上也未达到显著水平。布莱尔还指出,目前尚不清楚,胼胝体大小是否与纤维数目有关、纤维数是否与脑半球偏侧化程度有关、脑半球偏侧化程度是否与空间能力有关。

98 ○ 有研究发现,男性表现优于女性,但他们上顶叶活动都有类似的偏侧现象(偏向右侧)。但也有研究发现两性行为没有差异,男性两半球顶叶都较活跃,女性的这一结构则是右侧较为活跃。古尔等人的研究则表明,男性具有优势且下顶叶活动集中于右侧。另一项研究未发现两性表现及偏侧性的差异。该研究还发现,女性雌激素水平较高时脑部活动更剧烈,这给性别差异研究又提出一个有趣的难题。还有研究人员比较了男性和女性的表现,将其脑部活动的差异(但未说明哪一群体偏侧化程度更高)归结于策略不同。还有研究在表现及大脑活动中均未发现性别差异,但指出表现优异和较差者的脑部活动显著不同。

99 ○ 海尔等人也指出:"大脑构造不同但智力表现却可能一样。"

100 ○ 如果考虑大脑总体积,性别的影响就非常小,甚至不存在。伦纳德等人对灰质与大脑总体积比的研究结果与卢德斯等人一致,后者曾指出:"大脑体积是决定灰质比重的主要因素。"伊等人的研究结果也表明:"大脑皮层结构的性别差异主要是由大脑体积引起的。"

101 ○ 相关性不等于因果关系,可能存在另外一种(或多种)因素同时使白质体积增大、空间能力增强。

102 ○ 鲁斯·布莱尔很久以前就指出了这一点。她还提出了循环论证的问题,即男性视觉空间能力较强是因为他们处理此类任务时脑部活动

集中在右半球,大脑活动集中在右半球更适于处理视觉空间类信息
是因为男性擅长此类任务而且他们的脑部活动集中在右半球。

103 ○ 皮斯夫妇在其作品(1999)中也提到了威特尔森的情绪实验,很多研
究人员都会在正式出版前公布研究结果,因为出版工作可能需要数
年时间。我曾与皮斯国际公司(Pease International)联系,希望皮斯
夫妇能说明他们引述的是哪个研究,但未能得到相关信息。

104 ○ 讨论这些研究时,我关注的是两性组间差异而非组内对比,因为凯泽
等人曾指出:"只有直接比较两性在同一组测试中的数据,才能保证
结果的显著性。"

105 ○ 男性大脑的平均体积比女性大 8%~10%。此外,正如凯泽等人指
出的,有研究结果表明,"大脑两侧半球结构、功能的对称性/非对称
性、胼胝体体积、脑部功能区的限定"的性别差异"一直未有定论"。
另外,正如本节所述,一些所谓的大脑结构的性别差异实际上可能是
由大脑体积不同引起的。由脑部差异并不能直接判断其原因。最后
一点,不能由鼠类的性别差异直接推及人类。记住这些提醒,卡荷尔
2006 年简要回顾了大脑结构、神经化学、功能的性别差异的相关研
究及其对精神失常临床症状的影响。

106 ○ 注意,研究人员阐释对他人疼痛的共情反应时仅限于情感反应,不包
括感官的反应。

107 ○ 尽管表达负面情绪的表情有感染性,但研究人员并未诱导儿童产生
相应情绪,实验目的也不是让儿童产生负面情绪。

108 ○ 实验测定了大脑两侧半球的杏仁核以及前额叶皮质背外侧的一个区
域的脑部活动。

109 ○ 萨克斯还引述了一个实验支持自己的观点：女性大脑与负面情绪相关的结构"多位于大脑皮层上部"，而男性的则"集中在杏仁核"。施奈德等人 2000 年的实验包括男性、女性被试各 13 名，该研究发现诱导产生悲伤情绪时男性右侧杏仁核的活动会增加，女性没有类似反应，但两性左侧杏仁核的活动模式相似；诱导产生高兴情绪时，两性两侧杏仁核的活动模式也是如此。文中未讨论诱导产生悲伤、高兴的情绪时大脑皮层的活动。萨克斯还引述了两个实验以证明两性处理情绪时脑部活动不同。尽管他没有说这些研究也证明了男性与负面情绪相关的脑部区域位于皮层下，而女性则位于大脑皮层，为保持研究的完整性，应该指出这些研究不能证明上述观点。第一项证据并不涉及情绪体验，而是观测了 7 个男性、6 个女性看到表示恐惧或高兴的表情时的杏仁核活动（对照组观看的是小圆圈）。它并未观察大脑皮层的脑部活动。两性观看表示恐惧的表情时杏仁核反应相似，但观看表示高兴的表情时，男性的右侧杏仁核更活跃，女性则非如此——这是偏侧性差异而非杏仁核本身是否参与反应的差异。萨克斯的第二个证据是对情绪的功能性影像研究的元分析，他希望以此证明两性处理情绪时存在差异。然而，该研究的结论与他的观点——男性与情绪体验相关的脑部区域集中在皮层下，而女性则位于大脑皮层——并不一致。作者通过分析初步得到下述结论："男性倾向于激活后侧感觉皮层和联络区、左下额叶皮质、背侧纹状体，而女性则会激活内侧额叶皮质、丘脑和小脑。"即，男性——大脑皮层、大脑皮层、大脑皮层、皮层下，女性——大脑皮层、皮层下、大脑皮层。

110 ○ 该神经影像研究对数学教育没有任何启示，最主要的原因是它与数学甚至数字都没有关系。这项任务要求被试走出一个复杂的立体虚拟迷宫。对照组看到的则是迷宫的静态图像，当有矩形闪现时按动按钮。我们很容易发现，这个实验不涉及大脑处理数学问题的区域。即使要讨论两性是否需要分开学习走虚拟迷宫，这个实验对我们也没有很大帮助。男性脑部活动集中在左侧海马区，女性则位于右侧前额叶和顶叶，但总体而言两性活跃的大脑区域"重合度极高"。由这些差异无法得出有用的结论。两性右侧海马区活跃程度相同，在此情况下，我们如何看待男性左侧海马区比女性活跃？女性顶上小叶只有一侧较活跃，这说明了什么？如果认为在空间导航任务中，女性只使用大脑皮层而男性只使用海马区，是没有道理的，将这一结论推广到数学领域更没有道理！另外，我们也不确定活跃程度更高是否意味着"更好"，也许这意味着"效率较低"。或许这种差异是由表现优劣引起，而与性别本身无关（男性走出迷宫的速度更快）？在这类任务中，这些区域如何影响认知能力？我们还没有弄明白这些问题，因此也不能由此制定教育策略。有评论者曾在英国广播公司的《今日》（Today）节目中针对两性解决数学问题时的差异提出了相似观点，名为"神经怀疑论者"（Neuroskeptic）的博客对此进行讨论，解释了这类观点涉及的一些问题。

111 ○ 为公平起见，萨克斯查阅了作者为证明自己的观点而引述的研究。这些研究给出了儿童在静息状态下（同步/非同步）脑电图的不同模式，并将这些脑电图与语言、数学、社会认知（回想一下，儿童甚至尚未有过这种经历）等复杂的心理过程相关联，这些过程无一不涉及整个大脑中的神经回路（如语言），他们认为结果表明"男孩女孩在是否为学习做好准备方面存在差异"。然而,任何一种认知能力的脑电图都未显示出他们所说的性别差异。

112 ○ 最近,国家单性公立教育协会的网站又引述了一项结构影像研究以进一步论证该观点。研究发现,大脑体积随时间的变化存在性别差异,但对大脑体积进行修正后(男孩较大),很多差异都不复存在。总之,这些发现的心理学意义尚不明确。研究人员指出:"不应将大脑体积的性别差异看做功能的优劣。"

113 ○ 2008 年,温迪·约翰逊、安德鲁·卡罗瑟斯和伊恩·迪亚利重新对这些数据进行了分析。他们指出,男性在智商低值域的变型更多。他们还说,智商极高的群体中男女比例为 2∶1,但这尚不足以解释物理、数学、工程领域高端职位中更高的男女比例。

114 ○ 一些国家数学能力排名前 5% 的孩子中男女人数却相近(比例见括号内):如印度尼西亚(0.91)、泰国(0.91)、冰岛(1.04)、英国(1.08)。彭纳发现荷兰、德国和立陶宛的女性变异性更强。

115 ○ 这一观点来自"神经学批判"(Critical Neuroscience)项目的发起人,他们"认为尽管神经学可能会揭示行为及其对应的脑部生理基础,但文化环境也会影响这类科学发现,为之增添新的含义,影响相关群体"。

## 第三章　错觉也被遗传下去了

116 ○ 约斯特等人发现非传统样本(母亲的姓与父亲不一致)中内隐式家长

作风更为严重,但他们并未剔除与父母重名的孩子的数据。

117 ○ 有研究人员指出,根据内隐态度可以预测自发程度较高、可控程度较低的行为和观点,这与一些实验性研究结论一致。但近期一项元分析表明,根据内隐态度也能够预测可控行为。

118 ○ 中学生与父母间存在微弱的关系。这是一项元分析,因此对儿童、成人的性别态度的评估方式不同。

119 ○ 部分原因可能是,男性地位高于女性,而由较低阶层向上流动更容易为人接受。另外,还有人担心男孩表现出对女性特质的兴趣,可能预示着未来出现心理失调或同性恋倾向。

120 ○ "烫手山芋"现象:给有趣的新玩具贴上异性标签,它对儿童的吸引力将大大降低,在4~5岁的儿童中发现这种现象。

121 ○ 性别凸显及其重要性都会促进性别观念的发展,儿童本身也在其中发挥了重要作用。很多研究者在论述中都强调过社会环境中凸显的性别及儿童的作用。后续研究都引用了性别图式理论(Gender Schema Theory),特别是发展内群体理论(Develpmental Intergroup Theory)。

122 ○ 指桑德拉·贝姆的自传(Bem,1998)。在书的最后,贝姆夫妇已20多岁的孩子杰里米和艾米丽回忆了自己的童年经历。(贝姆夫妇不仅希望孩子突破性别图式,还希望他们能不害怕同性恋,形成积极的性观念。)他们都很感谢父母颠覆传统的教育方式。杰里米说:"我成了一个全面发展的人,这就是最终的成果。"而且肯定了父母通过这种教育方式传达的观念,不过他们对具体的实施细节也会存有异议。桑德拉·贝姆承认,生活在性别偏向严重的社会中,移除性别身份确实会给孩子造成诸多困难。但两个孩子还提到,他们都不容易接受属于自己性别的传统元素或愿望(对杰里米来说,如喜爱典型的男性活动、以自己的男子汉气概为傲;对艾米丽而言,如想打扮得漂漂亮亮的)。但两个孩子最终还是选择了符合刻板印象的兴趣——杰里米学习数学,艾米丽学习艺术。

123 ○ 2005 年研究表明,这两个比例分别为:40％,76.9％。但使用哈利·波特造型的乐高玩具则未发现这种现象,这也可能是因为很多孩子已经看过原版的广告。

124 ○ 我认为格特鲁德·麦克弗兹(Gertrude McFuzz)是个例外,但拉姆和布朗指出这只"小雌鸟""漂亮、虚荣、嫉妒心强",最后还是被一个雄性角色拯救。

125 ○ 书名、插图、主角中的女性角色都偏少,但两性角色都会用语言表达情感,这与预测相反。而 1984—1994 年 30 部凯迪克奖的金银奖作品中,书名、插图中女性角色依然偏少,但主角的男女比例相当。

126 ○ 对电视节目及电影的调查发现,角色几乎都是高加索人。

127 ○ 学龄前儿童、一、四、五年级的孩子对女孩的刻板印象最常与外貌有关,但幼儿园的孩子没有表现出这种现象。

128 ○ 有趣的是,研究人员鼓励孩子用年龄(如:儿童、成人)而非性别进行分类时,他们描述男孩女孩使用的词汇会改变。

129 ○ 发展心理学家指出,未能发现性别知识和性别偏好之间关系的研究,其方法一般都存在问题。

130 ○ 这只是个玩笑而非科学事实。

# 后　记 ///////////////////////////////////////////////

　　哈佛大学有一位知名人士，在三思之前就向公众发表评论说，女人缺乏从事男人工作的才能，你知道这一定会引起争议。哈佛医学院的理查德·卡伯特(Richard Cabot)也发现了这一点。1915年，他对费城女子医学院的毕业生发表演讲，据新闻报道，卡伯特暗示这些志向远大的年轻女性，她们的性格和身体条件都不适合要求较高的医学分支。他认为，她们应该避开普通全科和研究性工作，集中在社会服务领域。一家报纸在头条报道了这个新闻："男医生疾呼：女医生不称职"。在随之而来的论战中，另一位著名医学教授西蒙·巴鲁(Simon Baruch)博士对卡伯特表示了支持。他也认为，女人的天性使其在医学领域内选择有限，尽管她们"从母亲那里继承了女性纯粹的阴柔气质"，但她们缺少"创造力、逻辑性、主动性、勇气等明显专属于男性的特点"。自然,这些"纯粹的女性"也只能在"专属于她们"的"培养教育"领域有所成就。

最后,巴鲁博士表达了自己的忧虑:"可爱的女士们一心认为自己适合原属于男人的一切工作,这蒙蔽了她们的双眼,使她们忽视了自己的生理局限性。"为防止这个观点被人误解,他又补充说:"划定这些界限并不是想挑起争端,而只是想指出这是不可违背的自然规律。"他引述了神经学家查尔斯·德纳博士的观点作为证据。你应该还记得,德纳担心女性的上半部分脊髓太少,因而不适合从政。不止如此,注意到"女性比男性更容易患精神病",德纳悲观地预言,"如果女权主义者的理想得以实现,女人能够与男人平起平坐,这会使其患精神病的几率增加25％"。

今天看来,这些担心毫无根据。有一段时期,美国接受培训的医生中,皮肤病学、家庭医学、精神病学、儿科、妇产科等分支中女性多于男性,内科中女性与男性的"差距也在不断缩小",这让我们对女医生只能从事社会福利工作的职业建议,不得不采取更严厉的批判态度。卡伯特博士曾说,无视此建议的女医生注定会感到"失望不满",这个预言未免太过悲观。同样,德纳博士担心"赋予女性投票权会给我们的选举和管理工作增加一种不稳定的、过于挑剔的元素,这不仅会伤害其自身,也对社会无益",这也是毫无根据的。据我所知,还没有科学文献记载过,仅仅是在选票上画个×,就能破坏女性的优雅举止和稳定的精神状态。当然我们的批判也应适可而止,这些聪明又受过良好教育的人只是过于担心社会变化。如果女性抛弃了自然设定的养育子女的角色,会有什么后果?她们明显缺乏必需的智力与体力,女权主义者还鼓励她们走出家门进入男性的世界,这是明智之举吗?她们是否已经达到甚至冲破了生理基础为平等设定的界限?

这些悲观的预言家之所以犯错,是因为他们研究社会问题时没能充分发挥想象力,在今天看来这一点显而易见。在探索不平等现象的原因时,他们只专注于女性自身的缺陷——脑重较轻、卵巢消耗能量过多、教育子女的特殊技能挤占了男性能力的空间——正如史蒂芬·J.古尔德所说,这使他们没能看到另一种"不公平",即"女性受到的限制明明是无中生有,却被误认为源于其自身"。

我们最好不要重蹈覆辙。

请环顾四周,你看到的性别不平等现象其实只是你内心的写照,那些人尽皆知的社会观点也是如此。它们就存在于内隐联想之中,后者彼此交织、错综复杂,还不断与社会情境相互作用,你的自我认知、兴趣爱好、价值观、行为甚至能力都由此而生。性别能通过多种方式凸显在环境中:男女比例失衡的团体、广告、同事的评论、表格上的性别选项,或者是一个代词、公共厕所门上的标识、裙子的设计风格、人们对自己身体的认识。当某个情境激活了性别联想,它们会把不符合刻板印象的自我认识、兴趣、情绪、归属感和行为挡在外面,传统的那些则很容易通过。

思维和自我概念极易改变,而且会不断与环境相互作用。社会心理学家发现词汇(如竞争)、日常用品(如公文包和会议桌)、人甚至景色都会使我们产生某种动机,一些榜样人物则能够影响我们藏在内心深处的梦想,因此我们有理由质疑性别差异与不平等现象之间所谓的因果关系。就像性别问题专家迈克尔·基梅尔(Michael Kimmel)所说,我们怀疑"性别差异是不平等现象的产物,而非原因"也是有道理的。

性别不平等不仅是我们思维的一部分,也是生物体本身不可剥离的一部分。我们总是认为指挥链从基因开始,经过激素、大脑,终于环境。生物学家罗伯特·萨博尔斯基(Robert Sapolsky)说,有个错误观点很常见,"脱氧核糖核酸是指挥者,是发布命令的中心。没有人告诉基因该做什么,是基因指挥一切"。大多数发育学家都会告诉你,20 世纪流行的就是这种单向因果学说。但实际上,大脑中的神经回路是你周围的物质、社会及文化环境的产物,也受你自身行为和思想的影响。我们的经历和行为会引发神经活动,进而直接改变大脑或通过改变基因表达间接影响大脑。神经的可塑性意味着与性别有关的社会现象会"进入大脑","成为大脑的一部分"。

至于作用于大脑的激素,如果你抱着一个宝宝、刚升了职、看一个又一个广告里几近全裸的美女,或是又听到说男人们多么位高权重,别指望你的激素水平不受影响。就是这样。《基因崇拜》(*Gene Worship*)的作者吉塞拉·卡普兰(Gisela Kaplan)和莱斯利·罗杰斯指出:"甚至我们做什么、想什么都会影响性激素水平。"安妮·福斯托·斯特林说,生物体与社会环境之间不断相互作用,这意味着"我们在政治、社会、道德领域作出的种种努力都会融入生理过程之中"。

所以说,研究人员寻找大脑或思维的性别差异时,他们对准的是一个活动的目标,大脑和思维都在不断与社会环境相互作用。一些研究人员甚至开始通过控制性别刻板印象凸显与否,来研究大脑、激素在相关任务中的不同反应。思维的性别差异也在不断随外界环境而改变,比如,刻板印象威胁的有无、自我身份的变化。另外,我们的行为态度也会改变文化模式,后者又会与他人的思维相互作用改变他们的行为态度,随后其行为态度又成为文化环境的一部分。简而言之,"文化与心理会相互改变"。当一个女人坚持学习高等数学课程、参加总统竞选,一个父亲早早下班去接孩子放学,他们都在渐渐改变周围人的内隐思维模式。随着社会慢慢改变,男女的自我、能力、情绪、价值观、兴趣、激素和大脑也会变化——因为这些都与它们形成、作用的社会环境关系密切。

人们都在猜测,不断趋同的男和女最终会交汇于哪种状态(提示:最常见的错误是目标都没对准)。当性别在背景环境中隐没,男性与女性在心理上一定会是惊人的相似。基梅尔认为:"爱、温柔、关怀备至,能力、理想、果敢——这些都是人的特点,所有人,无论男女,都应该平等地享有它们。"这听起来不错吧?但现实是,性别不平等以及它引发的性别刻板印象会与人的思维不断相互作用,进而加剧了不平等现象。

　　同时，一些人利用神经学的方式与前人如出一辙——借科学的权威性来强化已有的刻板印象和性别分工。鲁斯·布莱尔强调："关于性别或种族差异的论战总是聚焦在大脑上。"研究大脑性别差异的流行观点对血压可没有益处，那些解释引申之过度、信息失实之严重令人震惊。一些评论者自称是不惧禁忌的开拓者，没有为了保持政治正确而噤声，而是勇敢地说出了性别差异的科学真相。但事实上，他们的形象恰恰与此相反。一则，如今神经性别歧视大行其道、已成主流，在我看来，人们对所谓不可言明的男女固有差异早已采取了随意宽容的态度。你能想象，因为几张展示"黑人大脑"、"白人大脑"这种伪科学的幻灯片，学校就基于脑部差异根据种族进行分班吗？如果"男性和女性天生存在心理差异"这个话题真的极具争议，出版商会选择如此具有误导性的书进军畅销书榜吗？编辑会把这样的文章放进专栏吗？

　　另外，对那些关心性别平等的人来说，真正的科学不会让人心生恐惧。只有粗制滥造的科学、阐释不合理的科学或是由此产生的神经性别歧视，才会让人担心不已。遗憾的是，指出问题所在总被人看成吹毛求疵或是人身攻击。正如卡普兰和罗杰斯所说："与草率地得出结论——尤其是影响公众态度的结论——相比，在科学研究中保持怀疑或苛刻绝非错误的做法。"关于性别的社会态度是文化的重要组成部分，我们的大脑和思维就在其中成型。

　　社会态度这张强有力的大网，也是孩子们出生、长大的起点。他们很快就会习得那些性别联想，它们持续终生，随时会被社会情境激活。考虑到孩子年幼时,性别总会受到强调,而且与性别关联的文化信息又十分丰富,中性教育鲜有成功案例也就不足为奇了。社会心理学家布朗温·戴维斯(Bronwyn Davies)解释了孩子们遇到的问题:

> 你不可能要求一个孩子,既成为一个男人或女人,又把男女特质的内涵从他们身上剥离。但这却是大多数性别平等项目对他们的期待。

孩子身边的一切都不断被贴上性别标签,从衣服、鞋子、被褥、饭盒到礼品包装,这使上述任务几乎不可完成。"女孩过度粉色化"的一大影响就是,性别在粉色面纱与闪亮的鞋子中凸显。孩子们耳闻目睹的都是与性别有关的内容,衣食住行也包含着性别元素,他们又怎么能忽视性别呢?

我们的思维、社会以及神经性别偏见创造了差异。它们共同作用,塑造了性别。只是,塑造过程十分温和,而非强力为之。不过,它依然易受影响、可以改变。但如果我们相信一切原本如此,那它就会持续下去。

# 致 谢 //////////////////////////////////////////////

本书所述研究涉及众多学科,很多相关领域的专家抽时间阅读书稿、提出建议,他们的反馈和鼓励使我受益匪浅,在此向他们致以最诚挚的谢意:丽贝卡·比格勒(Rebecca Bigler)、苏帕纳·乔杜里(Suparna Choudhury)、伊萨贝拉·迪索格(Isabelle Dussauge)、约内·法恩(Ione Fine)、基特·法恩(Kit Fine)、威廉·伊克斯(William I ckes)、阿内利斯·凯泽(Anelis Kaiser)、艾米丽·凯恩、西蒙·拉哈姆(Simon Laham)、卡罗尔·马丁(Carol Martin)、辛迪·米勒(Cindly Miller)、克里斯丁·帕姆(Kristen Pammer)、艾丽斯·西尔弗伯格(Alice Silverbeng),特别是:弗朗西斯·伯顿(Frances Burten)、安妮·法恩(Anne Fine)、伊恩·戈尔德(Lan Gold)、焦耳德纳·格罗西(Giordana Grossi)、克里斯汀·肯尼尔利(Christine Kenneally)以及莱斯利·罗杰斯(Lesley rogers)。这些读者的专业知识使此书得以改进。还要感谢众多学者耐心解答我的问题。如书中还有任何错误或不当解释,那都是我自己造成的。

感谢珍妮特·肯尼特(Jeanette Kennett)、尼尔·利维(Neil Levy)、应用哲学与公共伦理中心以及墨尔本大学,他们在此书筹备与写作过程中给予我很大帮助。感谢使本书最终得以出版的每一个人。经纪人芭芭拉·洛温斯坦(Barbara Lowenstein)对我很多想法的形成起到重要作用,感谢她对我的帮助和支持。埃里卡·斯特恩(Erica Stern)是我与诺顿图书出版公司(WW Norton)的联系人,她耐心给予我很大帮助。我也非常感谢卡罗尔·罗斯(Carol Rose)和编辑安吉拉·冯德利普(Angela von der Lippe),他们对初稿提出了很多重要的改进意见。感谢劳拉·罗曼(Laura Romain)的协助。

最后,向我的丈夫拉塞尔(Rassell)表示衷心的感谢。

作者按 //////////////////////////////////////////////

　　我想很难再就性别这个话题提出新的观点,而这也并不是我的初衷。我整合不同学科的资料,并不是想站在前人的肩膀上继续研究,而是想从这个角度概括前人的工作。我要对这些重要的研究工作表示感谢,它们都列在书后的参考文献中。有几本书尤其值得一提,因为它们对我了解相关领域起到了重要作用,只在书中加以脚注实在难以体现其影响。构思这本书时,我对性别差异的神经学解释的理解仅限于一些流行的观点。但下列图书使我认识到,我应该关注神经学和神经内分泌学研究本身。鲁斯·布莱尔的《科学与性别》(*Science and Gender*),安妮·福斯托·斯特林的两本经典之作《性别之谜》(*The Myths of Gender*)和《性别鉴定》(*Sexing the Body*),吉塞拉·卡普兰和莱斯利·罗杰斯的《基因崇拜》(*Gene Worship*),他们对性别差异研究中常见的无意识的偏见以及未经检验的假定提出质疑和批评,这开拓了我的视野;《性别科学》(*Sexual Science*),辛西娅·拉西特对维多利亚时期性别科学的总结也使我获益良多,这出乎我的意料;劳里·拉德曼和彼得·格里克的近作《性别的社会心理学》(*The Social Psychology of Gender*)对这个发展迅速的领域进行了综述,该书思路清晰,是本极佳的参考书。另外,发展心理学家丽贝卡·比格勒、林恩·利伯、卡罗尔·马丁、辛迪·米勒、戴安·鲁布尔等人的综述性文章也给了我极大帮助。我对这些学者及其同行的工作表示感谢。

**图书在版编目（CIP）数据**

是高跟鞋还是高尔夫修改了我的大脑？/（英）法恩
著；郭笋译. —杭州：浙江大学出版社，2014. 9
　书名原文：Delusions of Gender：How Our Minds，
Society，and Neurosexism Create Difference
　ISBN 978-7-308-13369-2

　Ⅰ.①是… Ⅱ.①法…②郭… Ⅲ.①思维科学－通
俗读物 Ⅳ.①B80－49

中国版本图书馆 CIP 数据核字（2014）第 129563 号

Delusions of Gender：How Our Minds，Society，and Neurosexism Create Difference
By Cordelia Fine
Copyright © 2011 Cordelia Fine
Simplified Chinese Translation Copyright © 2014 by Zhejiang University Press and
Beijing Guokr Interactive Technology Media Co.，Ltd
First published in the United States of America in 2011 by W. W. Norton & Company, Inc.
This edition is in agreement with Lowenstein Associates, Inc.，through The Grayhawk Agency
All Rights Reserved.
浙江省版权局著作权合同登记图字：11-2014-136

**是高跟鞋还是高尔夫修改了我的大脑？**

（英）科迪莉亚·法恩 著

郭　笋　译

| | | |
|---|---|---|
| **责任编辑** | 曲　静 | |
| **出版发行** | **浙江大学出版社** | |
| | （杭州市天目山路 148 号　邮政编码 310007） | |
| | （网址：http://www.zjupress.com） | |
| **排　　版** | 杭州中大图文设计有限公司 | |
| **印　　刷** | 浙江印刷集团有限公司 | |
| **开　　本** | 880mm×1230mm　1/32 | |
| **印　　张** | 9.5 | |
| **字　　数** | 196 千 | |
| **版 印 次** | 2014 年 9 月第 1 版　2014 年 9 月第 1 次印刷 | |
| **书　　号** | ISBN 978-7-308-13369-2 | |
| **定　　价** | 36.00 元 | |

**版权所有　翻印必究　　印装差错　负责调换**
浙江大学出版社发行部联系方式：0571－88925591；http://zjdxcbs.tmall.com